KB097742

임은선

어릴 때는 과학자를 꿈꾸었으나 수학은 적성에 맞지
않다는 것을 일찌감치 깨달았다. 뒤늦게 문학을 공부했지만
세상엔 재능 있는 사람이 너무 많았다. 우연한 기회로
출판계에 입문했고, 재미있게(?) 읽을 수 있어서 과학책을
만들기 시작했다.

서울예술대학 문예창작과를 졸업했고, 도서출판 승산,
사이언스북스, 바다출판사를 거쳐 휴머니스트에서 과학책을
만들었다. 『파인만의 여섯 가지 물리 이야기』, 『리만 가설』,
『아주 특별한 생물학 수업』, 『신의 입자』, 『우리 집에
화학자가 산다』, 『사회성이 고민입니다』 등의 책을
기획하고 편집했다.

과학책 만드는 법

과학책 만드는 법

끝없는 호기심으로 진리를 탐구하는
저자와 독자를 잇기 위하여

임은선 지음

더 다양한 과학책을 꿈꾸며

나는 어린 시절부터 꽤 오랫동안 물리학자가 되는 것이 꿈이었다. 당시 내가 아는 유일한 과학자인 아인슈타인 박사가 물리학자였기 때문이다. 어린 나에게 '물리학자'라는 이름이 과학자보다 더 근사하게 느껴졌던 것 같다. 위인전 속의 아인슈타인은 흰색 실험 가운을 입고, 수식이 가득한 칠판 앞에서 알코올램프에 가열되고 있는 비이커에 삼각 플라스크에 담긴 시약을 들이붓고 있었다. 지금 생각해 보면 이론물리학자인 아인슈타인이 실험을 할 리 없었지만(알코올램프에 비이커라면 분명 화학자였을 것이다), 당시 대부분의 위인전에 나오는 과학자는 분야를 막론하고 흰색 가운을 입고 실험 도구를 들고 있는 모습을 담고 있었다.

올해 초 5년 정도 미뤄 두었던 책장 정리를 하면서 내가 어떤 분야의 책을 가장 많이 가지고 있는지 살펴보았다. 예상과 다르게 과학책이 가장 많았다. 편집 일을 시작하면서 과학책을 만드는 데 필요한 관련 도서는 회사에서 구입하고 보관했기 때문에 내가 만든 책을 제외하고 과학책을 구입하는 일은 흔치 않았다(그래도 일반 독자들의 10배 이상은 될 것이다). 무슨 책이 이리도 많나 자세히 살펴보니 1980~1990년대에 출간된 책이 제법 많았다. 아이작 아시모프나 스티븐 호킹의 책을 많이 읽었지만, 그중 가장 좋아하는 과학책을 꼽으라면 1998년 가람기획에서 출간된 『사이언스 오딧세이』다.

이 책은 실험 가운을 입은 아인슈타인을 동경해 물리학을 좋아한다고 이야기했던 내가 본격적으로 진짜 물리학을 좋아하게 만들어 준 책이다. 미국의 공영방송인 PBS의 교양 프로그램을 책으로 만들어 컬러 사진이 많고, 다섯 개의 챕터에 물리/천문학, 공학, 지질학, 의학, 뇌과학 이야기를 담고 있다. 나는 이 책에서 제2차세계대전 당시 연합군 측 과학자들이 모여 실행한 '맨해튼 프로젝트'를 처음 접했으며, 이 이야기는 아직까지 나를 매우 흥분시키는 주제다. 지금 다시 보니 각각의 이야기를 따로 책으로 만들어도 손색이 없는 주제와 내용을 담고 있었다.

사람들은 흔히 과학책을 나와는 별개의 것, 지루하고 딱딱하며 재미없는 내용을 담고 있다고 생각한다. 하지만 우리가 살아가는 세상은 과학 없이는 살 수 없고, 모든 사물과 행동의 밑바탕에는 과학이 존재한다. 어떤 사람들은 과학을 보이지 않는 세계의 진리를 탐구하는 것이라고도 한다. 세상은 복잡하지만 과학은 생각보다 단순하다. 과학자들은 여러 가지 복잡한 일을 좀 더 단순하게 설명하려 하고, 우리는 이를 책으로 만든다. 최초의 순간에 2나 3이나 더 많은 수의 가능성보다는 하나의 무엇이 존재했을 가능성이 더 아름답다는 것을 믿기 때문이다. 과학책 편집자로서 가장 흥분되는 순간은 이런 과학자들의 즐거움을 함께 나눌 수 있다는 것이다.

과학책을 이야기하면 빼놓을 수 없는 것이 『코스모스』와 『이기적 유전자』다. 이 오래된 책들이 여전히 사랑받는 이유는, 더 이상 훌륭한 책이 나오지 않아서가 아니다. 과학은 지식을 쌓기 위해 단계를 밟아야 하는 계단형 학문이기 때문이다. 이 때문에 많은 독자가 과학책을 외면하거나 어렵다고 생각한다. 편집자들도 마찬가지다. 다른 분야의 책은 공부하면 만들 수 있다고 생각하지만, 과학책은 뭔가 특별한 지식이 있는 사람이 만드는 별개의 것이라고 생각한다. 하지만 책상에서 배운 맞춤법을 바탕으로 책을 만들면서 교정교열을 익히는 것처럼, 과학책 역시 읽어 가면서 또는 만들어 가면서 그 특별하다고 생각하는 단계를 차근차근 밟을 수 있다. 물론 매 단계가 소설책 읽듯 쉽게 책장이 넘겨지지는 않겠지만.

2000년대 초반, 몇몇 과학책이 흥행하면서 과학책의 황금기가 찾아왔다는 이야기가 많았다. 신생 과학 출판사가 생기고, 해외 판권 경쟁이 심해지면서 과학책 저자의 몸값도 점점 커졌다. 그리고 몇 년이 지났을까, 황금기가 있었나 싶을 정도로 시장은 다시 침체되었다. 그러다 2015년 이후로 다시 과학책의 황금기가 찾아왔다는 소식이 들린다. 황금기라지만 그것이 그리 와닿지 않는 시장 상황에서, 그래도 이전과 바뀐 것이 있다면 과학책을 만들기 위해 회사를 만들거나 인력을 충원해 거창한 도전을 하기보다는 기존 출판사에서 자연스럽게 과학책을 만들고 있다는 것이다.

21세기가 되면 자동차가 하늘을 날거나 로봇이 일상화된 사회에서 살 것 같았다. 만화에서나 보던 영상통화가 현실화되었고 자율주행이 코앞에 다가오고 말로

방 안의 불을 켜는 스마트홈이 생활 속에 자리 잡기 시작했지만, 여전히 과학은 우리가 사용하는 기술과는 별개의 것으로 여겨진다. 과학책 역시 늘 그래왔듯 서점의 구석에서 컴퓨터 수험서나 건강, 커피책 사이에서 자신의 존재감을 드러내길 바라고 있다.

모든 사람이 과학에 관심을 가지거나 흥미를 느끼는 시대는 아마 오지 않을 것이다. 소설책처럼 과학책이 모든 독자에게 골고루 사랑받기도 역시 힘들 것이다. 그렇다면 과학책을 만드는 편집자는 어쩔 수 없는 현실에 좌절하며 분야별 카테고리 순위에 만족해야 할까?

이 책은 과학책을 만들고 있는 사람과 과학책도 만들어 보고 싶은 사람을 위해 쓰였다. 2000년대 초반 획일화된 검은색과 흰색 표지가 전부였던 시기를 지나, 2021년의 과학책은 알록달록 다양한 색을 입고 있다. 과학책을 만드는 편집자 역시 기존의 화법에서 벗어나 좀 더 다양한 방식으로 독자에게 말을 건네고 있다. 우리에게 기쁨이 있다면 우주의 심연에는 무엇이 있는지, 인간의 본질은 무엇인지, 보이지 않는 세계에는 무엇이 존재하는지 그 지적이고 비밀스러운 이야기들을 조금 더 먼저 맛볼 수 있다는 것이다. 나는 더 많은 편집자가 이런 과학의 속삭임을 듣게 되기를 바란다. 그리고 좀 더 많은 독자가 함께 이 이야기를 나눌 수 있으면 좋겠다. 과학책이 그저 당신의 책장에서 지식을 뽐내기 위해 자리하는 것이 아니라, 그 안에 있는 즐거움을 함께 나눌 수 있게 되기를.

{ 1 }
그렇게 과학책 편집자가 된다

과학책을 만드는 필요충분조건

나의 첫 사수는 연극영화과를 졸업했다. 배우 지망생이었던 그는 경영학을 복수전공했는데, 취업이 잘 되지 않던 시기에 지인의 소개로 아르바이트하러 온 회사에서 경리로 1년, 편집자로 2년째 근무하는 중이었다. 출판 경험이 전무한 총인원 셋의 작은 출판사에는 주문과 회계 관리 외에도 해야 할 일이 많았다. 손이 모자라 인쇄소에 가고, 종이회사와 미팅하다가 디자이너를 만나 책 표지를 담당하면서 점차 책의 내용도 눈에 들어오기 시작했다고. 평소 책에 관심이 없었고, 더군다나 과학은 인생에서 잊힌 존재였거늘, 알바로 시작한 일을 '다음 달까지만 해야지, 올해까지만……' 하다가 결국 계획에 없던 과학책을 만드는 편집자가 되었다고 한다.

과학을 전공해야만 할까

직업이 편집자라고 말하면 눈을 반짝이던 대화 상대도, 과학책을 주로 만든다고 이야기하면 대부분 흥미를 잃는다. 과학책에는 무언가, 보통 사람이라면 알 수 없고 쉽게 이해되지 않는 우주의 비밀과 수식으로 나열된 암호 같은 이야기가 담겨 있을 것이라고들 생각한다. 그래서 과학은 관심 밖의 일. '어쩌고저쩌고 박사님'의 서가에서나 볼 법한 책이 누구나의 관심을 불러일으키는 것은 아니니까.

그렇다면 이런 소수의 사람이 보는 과학책을 만들려면 과학을 전공하거나 그 분야에 대해 잘 알아야 할까? 그렇기도 하고, 아니기도 하다. 과학책을 만드는 편집자가 가장 많이 듣는 질문은 '과학을 전공했냐'는 것이다. 동료 편집자들이 나에게 묻는 질문 역시 이와 비슷하다. "이공계 전공인가요?" 지금까지 함께 일한 편집자 중 절반 이상이 대학에서 과학을 전공했지만, 자신의 전공이 책을 만드는 데에 도움이 되는 경우는 한 명을 제외하고는 보지 못했다.

"편집자가 되려면 국문학과에 가야 하나요?" 출판사에 다닌다면 이런 질문을 한 번쯤 들어 봤을 것이다. 편집자들은 뭐라고 답할까? 유튜브 채널을 운영하는 다양한 분야 편집자들의 Q&A를 보아도 이런 질문이 빠지지 않고 등장한다. 대답도 거의 비슷하다. "유리할 순 있지만, 출판사 취업을 위해 국문학과에 갈 필요는 없다." 주변을 둘러보면 편집자의 전공은 생각보다 다양하다.

다시 돌아와, 이공계 관련 학과를 나오면 과학책 만드는 일에 도움이 될까? 과학책을 만드는 데 과학을 전공한 것이 조금 유리한 것은 사실이다. 교육을 통해 학문의 전반적인 흐름을 인지하고 있고, 해당 전공의 기본 표현법에 익숙하며, 수학을 남들보다 조금 더 오래 배웠고, 선후배나 교수님과의 인맥 등을 업무에 활용할 수도 있다. 하지만 내가 만드는 책이 내 전공을 다룰 가능성은 희박하고, 내용 역시 과학을 전공해야만 편집할 수 있는 경우는 거의 없다.

'전문'이라는 단어가 들어간 책은 대부분 학부 수준을 넘어선 영역을 다룬다. 기본적인 함수나 미적분 등을 넘어서는 내용의 수학책은 학부를 졸업한 수준에서 바로 검수하기도 어렵다. 나와 함께 대학을 다닌 선후배가 저자가 될 확률 역시 매우 희박하다. 출판을 잘 모르는 사람이 편집자가 되려면 꼭 국문학과에 가야 하는지 질문할 때 나오는 대답과 별로 다르지 않을 것이다.

나 역시 대학에서 문예창작을 전공했고, 졸업할 때까지만 해도 패션잡지의 에디터가 되거나 기업의 홍보실에서 일하게 될 거라고 생각했다(시인의 재능이 없다는 것을 재학 중에 깨달았기 때문이다). 취업에 연달아 미끄러지면서 의기소침했을 때 학과 사무실에 걸려온 전화 한 통이 내 진로를 결정지었다. 전원이 출판 초보로 이루어진 출판사에서 편집자를 구하고 있는데 졸업생을 추천해 달라는 내용이었다. 전화가 걸려 왔을 때 학과 사무실에 있던 유일한 졸업 예정자라는 이유로 나는 신생 과학 전문 출판사에 들어가 편집자의 길을 걷게 되었다.

첫 출판사는 여느 소규모 출판사처럼 대부분의 기획을 대표님이나 대표님 지인이 했고, 편집 과정에서 대표님이 원고 검수를 두 차례 했다. 수학과 물리학 책을 주로 만들다 보니 수식이 들어간 부분을 수학 강사 출신인 대표님이 직접 풀어 보고 확인하기 위해서 택한 방식이었다. 가끔 편집하다 잘 이해가 가지 않는 부분이나 수식이 나오면 대표님의 수학 풀이 강의를 들을 수 있었는데, '문과라서 죄송한' 사람도 쉽게 이해할 수 있는 명

강의였다(실제로 대표님은 학원 사업에서 큰 성공을 거두고 속세를 떠나 오랫동안 바라던 출판사를 차린 경우로, 처음부터 출판 사업에서 큰 수익을 기대하지 않았다고 한다). 로또 당첨금이 400억 원에 육박했을 때 1등 당첨 확률이 로또에 적혀 있는 것보다 더 낮은 이유를 다 같이 계산했던 일이 기억난다(풀이 과정은 전혀 기억나지 않는다). 하지만 이렇게 수학책을 만드는 수학 명강사나 세상 모든 일을 과학으로 풀이하고 싶은 특별한 존재가 아닌 이상, 과학책을 만드는 편집자에게 과학 전공 여부는 크게 중요하지 않다고 생각한다. 그렇다면 무엇이 중요할까?

다시 첫 사수 이야기. 그가 만든 책은 2000년대 초반 과학 출판계의 큰 획을 그은 것들이 대부분이었다. 영화화로 화제가 된 『뷰티풀 마인드』, 제목이 돋보였던 『조지 가모브 물리열차를 타다』, 『발견하는 즐거움』, 2002년 여러 매체에서 올해의 책으로 선정되며 수만 권이 팔렸던 브라이언 그린의 『엘러건트 유니버스』 등이다. 해외에서 워낙 유명했던 책들이니 잘될 수밖에 없는 것 아니냐고 반문할 수도 있겠지만 이 책들의 표지, 제목, 본문 디자인 등은 당시 나오던 과학책들과는 조금 방향이 달랐다. '책알못', '과알못'에서 시작한 그는 자신의 관점에서 과학책을 대하다 보니 좀 더 풍부한 상상력을 보탤 수 있었고, 그 장점이 책으로 고스란히 드러났다.

첫 번째: 과학에 대한 관심

그렇다면 과학을 전공하거나 전공하지 않은 '내'가 과학책을 효과적으로 잘 만들기 위해서 필요한 것은 무엇일까?

첫 번째는 과학을 좋아하는 마음이다. 우리는 무언가를 좋아하면 그 대상에 대해 알고 싶다. 최재천 교수님은 알면 사랑한다고 말씀하셨는데, 나는 그 반대의 길을 가라고 권하고 싶다. 바꿔 말해, 먼저 관심을 가지라는 것이다. 과학책을 만들고 싶은 당신이라면 과학에 대한 관심이 있을 테니 합격. 만약 당신이 과학책을 만들어야만 하는 운명에 놓여 있다면, 과학을 좋아하지 않더라도 관심을 기울일 무언가를 찾아보면 좋겠다. 그것을 시작으로 과학에 대한 관심이 다양한 영역으로 확장될 것이다.

잘하는 것과 좋아하는 것은 완벽히 다른 일이다. 야구를 좋아한다고 해서 모두 그라운드에서 야구를 하진 않는 것처럼, 과학을 좋아하는 것도 특별한 자격이나 능력을 필요로 하지 않는다. 보통 과학에 관심을 갖고자 한다면 과학계의 이슈를 살펴보거나 노벨상 수상 소식, 논문 리뷰 사이트의 업데이트 등을 기다리겠지만, 과학에 별 관심이 없던 사람이라면 매번 소식을 찾는 것이 큰 재미는 없을 것이다.

나와 첫 사수는 물리학자 브라이언 그린을 좋아했는데, 그 이유는 당시 우리가 찾은 사진 속의 브라이언 그린의 모습이 텔레비전 드라마 「엑스파일」의 주인공 멀더 요원과 비슷했기 때문이다(사수는 책의 1쇄 표3에 그 사진을 커다랗게 넣었다). 우리는 마치 연예인을 궁금해하듯 그의 사진을 찾다가 출신 대학의 물리학자를 찾아보고, 상세 이력과 연구 성과까지 살펴보았다. 그리하여 그린이 그저 쇼맨십에 능숙한 미남이 아닌, 저술 외에 자신의 학문에서도 뛰어난 성과를 거둔 학자라는 사실을 알게 되었다(그를 아무리 좋아해도 거울 대칭에 대해 완전히 이해할 순 없었다).

내 경우 일하다 지루해질 때면 가끔 하버드대학교의 홈페이지에 들어가 물리학과 교수진의 사진을 보곤했다. 끌리는 인물을 조사하거나 혹은 좋아하는 책의 참고문헌을 보면서 저자가 가장 많이 인용한(=이름이 가장 많은) 학자의 뒤를 캤다. 단순하게는 관련된 기사나 학자를 찾아보고, 연관도서의 연관도서까지 계속 찾아보았다. 사소한 관심이라도 좋다. 과학에 대한 그 어떤 것에라도 관심을 갖게 된다면 그것으로 시작은 충분하다(브라이언 그린의 뒤를 캔 인연이 이어져 그와 고등학교를 함께 다닌 물리학자 리사 랜들의 책 『숨겨진 우주』를 만나기도 했다).

두 번째: 과학책에 대한 관심

두 번째는 과학책에 대한 관심이다. 과학을 좋아하는 것이 과학책을 기획하는 데에 도움이 된다면, 과학책에 관심을 갖는 것은 책을 편집하는 데에 실무적인 도움을 준다. 어떻게 관심을 가져야 할지 모르겠다면 인터넷 서점의 베스트셀러 목록 중 과학 카테고리부터 찾는 게 좋겠다. 그 책들을 살펴보면서 독자들이 관심을 가진 분야가 무엇인지, 어떤 저자를 좋아하는지 보자.

　　여러 인터넷 서점을 찾아봤다면 아마존 사이트로 이동해 해외 카테고리를 훑어보자(기본적으로 영국과 미국 두 사이트를 같이 놓고 본다). 베스트셀러가 비슷한지, 같은 저자가 있는지를 보고 연관도서도 살펴보면서 전반적인 과학책의 판매 흐름을 본다. 그리고 관심 가는 책을 다시 구글링 해서 독자 리뷰나 언론사 리뷰 등을 찾아본다. 이런 과정을 통해 물리·화학·생물학·지구과학 외 다양한 과학책의 분야를 파악할 수 있고, 과학 독자들이 선호하는 분야를 찾거나 비어 있는 카테고리를 채워 나가는 방법을 모색할 수 있다.

과학책을 만들려면 기본적으로 과학책을 많이 읽어야 한다. 수학과 물리학의 경우 학회 차원의 표준 용어안이 존재하지만, 대부분은 용어가 통일되지 않은 상태이며 같은 용어라고 해도 책마다 다르게 사용되거나 표현 방식이 일반적이지 않은 경우가 많다. 이런 경우 경험에 의존해야 하기 때문에 다양한 분야의 책을 많이 읽어 보는 것 말고는 방법이 없다. 만약 수학책을 만든다면 해당 내용을 다룬 수학책을 적어도 서너 권 이상은 읽어야 한다. 수식을 모두 풀어 볼 필요는 없지만, 사용되는 용어나 문장의 흐름 정도는 파악할 수 있어야 한다. 이를 위해 개론서를 포함하여 대여섯 권 이상은 참고문헌으로 가지고 있는 것을 추천한다.

세 번째: 외국어에 대한 관심

세 번째는 외국어 능력이다. 면접을 볼 때 빼놓지 않고 묻는 질문이 있다면, 영어로 된 원서를 읽을 수 있는가이다. 앞선 두 가지는 편집을 하면서 만들어 갈 수 있지만, 슬프게도 외국어(영어)의 경우 책을 리뷰할 정도의 능력을 갖추고 있는 게 과학책을 만드는 데 유리하다. 대화를 나눌 필요는 없으나 문서 정도는 읽을 수 있어야 한다. 토익이나 토플 등의 공인 영어 성적을 요구하지는 않지만 이력서에 해당 점수가 있다면 좀 더 주의 깊게 보는 편이다.

최근에는 과학 출판에서 국내서 비중이 높아지고 있지만, 아직까지는 외서의 비율이 높고 또 중요하다. 국내 저자의 경우 입문서나 일반 교양에 가까운 저술이 많기 때문에 학문적으로 깊이 있는 과학 분야의 책을 내고 싶고 과학 전문 편집자의 길을 염두에 두고 있다면 어느 정도의 영어 능력은 필수다.

과학책 편집 스킬을 향상시키는 데는 외서를 읽고 리뷰하는 '검토 소견서' 작성만 한 게 없다. 그래서 연차가 낮을수록 검토 소견서를 자주 쓰게 될 가능성이 높다. 완벽한 영어를 구사해야 한다거나, 소견서를 작성할 책의 내용을 처음부터 끝까지 다 읽어야 하는 건 아니다. 아마존이나 라이츠가이드에 나온 요약본과 책의 차례를 번역하고, 책의 서문과 두어 장chapter 정도를 읽고 해외 매체에서의 리뷰나 독자 반응을 정리하는 수준이면 적당하다.

영어 외에 독일어나 프랑스어, 일본어 등 제2외국어를 할 수 있다면 보다 폭넓은 기획이 가능하다. 최근 중국의 과학 입문서 역시 수준이 상당한 편이라 중국어를 할 수 있는 경우라면 중국의 과학책 시장을 살펴보는 것도 좋겠다. 하지만 과학계는 영미권 학자들의 연구 및 성과가 주류를 이루고 저작 역시 대부분 영어로 쓰이기 때문에 외국어를 딱 하나만 선택해야 한다면 역시 영어다.

과학책을 만들기로 결심했다면

사람들은 대부분 과학을 잘 모른다. 심지어 과학자도 자신의 전공 분야가 아니면 과학을 잘 모른다고 말한다. 이 '아무도 모르는 과학'을 담은 책을 편집자는 어떻게 만들어야 할까, 어떤 기본기를 갖추면 좋을까에 대해 이야기해 보았다.

과학 편집자로서 과학을 전공한 것이 유리할 수는

있으나 필수적이지는 않다고 앞서 말했다. 즉 누구나 출발선은 비슷한 셈이다. 과학책을 만들기로 결심했다면 과학에 관심을 가지고, 과학책을 많이 읽고 자신만의 리스트를 만들어 보자. 원서를 읽을 수 있을 정도의 언어 능력까지 갖춘다면 과학책을 기획하고 편집하는 데 큰 어려움은 없을 것이라고 생각한다.

후배들에게 '딱 한 번' 권하는 것은 편집 노트 수기 작성이다. 자신이 편집한 책의 간단한 편집 일기를 쓰는 것인데, 주로 용어를 정리하는 용도로 쓴다. 진행할 때 어려웠던 점이나 문제점, 실수 등도 중요하지만 책에 등장해 찾아보았던(혹은 몰랐던) 용어나 사건 등을 정리하는 것이 필수적이다. 자신만의 사전을 만드는 기분으로 꾸준히 작성하면 권수가 쌓일수록 유용하게 쓰일 것이다.

{ 2 }

누가 만들고 누가 읽을까

과학 도서 시장의 변화

우리나라 출판 시장에서 과학책이 차지하는 비율은 얼마나 될까? 처음 출판사에 입사했던 2000년대 초반에는 과학책을 만드는 출판사가 많지 않았다. 열 손가락에 꼽을 수 있을 정도였달까. 출간되는 책도 다양하지 않고, 다른 분야에 비해 해외 판권 경쟁이 심하지 않아 아마존 과학 분야 베스트셀러 1위 도서도 원한다면 쉽게 계약할 수 있었다. 1퍼센트. 전체 출판 시장에서 과학책이 차지하는 부분은 1퍼센트라고 한다. 이 수치는 2000년대 초반이나 2021년이나 크게 다르지 않다.

1퍼센트의 시장

교보문고에서 발표한 2020년 상반기 판매 분석을 살펴보면, 과학책 판매량이 약 50퍼센트 증가했다고 한다. 어마어마하게 증가한 것 같지만, 상반기 종합 베스트셀러 200위권 내에 진입한 과학책 수는 다섯 손가락 안에 든다. 같은 기간 예스24의 출판 시장 분석을 보면 과학 출판은 2019년 상반기 1퍼센트에서 1.3퍼센트로 판매량이 30퍼센트 증가했다고 한다.

그렇다면 이렇게 과학책의 판매가 기하급수적으로 증가했다고 이야기하는 원인은 무엇일까? 우선 시장 자체가 작기 때문에 50퍼센트 성장하더라도 그 숫자는 미미하다는 것부터 밝혀야겠다. KPIPA 출판산업 동향 보고서에 따르면 2015년부터 2019년까지 매년 발행되는 책은 평균 8만 권 정도이며, 그중 과학기술 분야의 책은 약 10퍼센트를 차지한다. 꽤 비중이 높은 것처럼 보이지만, 과학기술 분야는 IT와 컴퓨터 수험서 등을 포함하고 있다. 우리가 과학 출판이라고 부르는 자연과학 분야는 전체 출판 규모에서는 1퍼센트 남짓에 불과하다. 출판 시장에서 매년 신간 과학책이 차지하는 비율은 1퍼센트를 조금 넘으며, 같은 보고서에서 밝힌 판매 점유율 역시 1.1퍼센트로 대동소이하다.

그런데 2020년 상반기 과학책 매출은 왜 50퍼센트나 뛰었던 것일까? 구체적인 원인을 찾아보자. 2019년 9월부터 2020년 4월까지 tvN에서는 「요즘 책방: 책 읽어 드립니다」라는 프로그램을 방송했다. 2020년 1월에는 과학책 두 권이 연달아 소개되었는데 칼 세이건의 『코스모스』가 첫 번째였고, 그다음 책은 올리버 색스의 『아내를 모자로 착각한 남자』였다. 이 방송 이후 두 책의 판매가 급격히 늘었다. 재미있는 사실은 올리버 색스의 책을 교보문고에서는 과학책으로 분류하고, 예스24에서는 인문학책으로 분류한다는 것이다. 아마 두 회사의 상반기 결산에서 차이가 나는 20퍼센트는 이 책에서 나온 것이 아닐까 추측해 본다.

지난 10년 동안 과학 베스트셀러의 1~3위는 『코스모스』와 『이기적 유전자』, 『정재승의 과학 콘서트』가 차지했다. 잠깐 다른 책에 순위를 내주더라도 대부분 곧 상위권 순위를 회복했다. 거물급 신간 도서가 치열하게 순위 경쟁을 하는 다른 분야와 달리 과학책 베스트셀러 상위권은 거의 순위 변동이 없이 유지되었다. 이는 20년을 두고 살펴봐도 비슷할 것이다.

이제 제목을 모르는 사람이 없을 정도로 유명해

진 『코스모스』는 공식적인 집계가 발표되진 않았지만, 2004년 정식 번역판이 출간된 이래 30만 부 이상의 판매고를 올렸다고 한다(2015년 『조선일보』 기사 기준). 2020년 3월에 출간되어 종합 베스트셀러 1위를 차지한 『해빙』이 1년이 채 지나지 않아 40만 부 기념판을 발매한 것을 놓고 비교해 보면 과학 출판 시장의 규모가 짐작될 것이다. 세계적으로 1000만 부 이상의 판매고를 올린 리처드 도킨스의 『이기적 유전자』 역시 1993년 을유문화사에서 출간되어 50만 부 정도 판매되었다고 한다(2017년 『중앙일보』 기사 기준). 2001년 초판을 발행한 뒤 최근 두 번째 개정증보판을 낸 『정재승의 과학 콘서트』는 보도자료를 통해 80만 독자가 이 책을 선택했다고 알렸다. 같은 책이 2004년 MBC 프로그램 「느낌표!」 선정 도서가 되면서 그해에만 27만 부가 판매되었으니, 베스트셀러이면서 스테디셀러인 과학책 세 권 모두 비슷한 판매량을 보인다고 봐도 무방할 것이다.

과학 출판의 변화

그렇다면 베스트셀러가 곧 스테디셀러이고, 수십 년 동안 변동되지 않는 이 시장에서 우리는 어떤 책을 만들어야 할까? 상위권 리스트에는 변화가 없었지만, 지난 10년 동안 한국의 과학 출판은 빠르게 성장했다. 이는 2000년대 초반 과학 출판 시장의 모습과 비슷하다. 2000년대 초반 『정재승의 과학 콘서트』, 『희망의 이유』, 『엘러건트 유니버스』, 『파인만의 여섯 가지 물리 이야기』, 『거의 모든 것의 역사』 등이 성공을 거두면서 과학책이 실속 있는 분야라는 인식이 싹트기 시작했다. 꽤 많은 출판사에서 과학책을 앞다퉈 내며 과학 출판계에 봄이 오는가 싶었지만 큰 소득을 올리지 못하고 금세 불씨가 사그라들었다.

하지만 지금의 움직임은 조금 다른 것 같다. 과학 전문 출판사 외에도 1인 출판사를 포함한 대부분의 출판사에서 과학책'도' 만들기 시작하면서, 과학책 시장은 질적으로 크게 향상되었다. 잘 팔리는 분야의 비슷한 주제를 담은 책이 아닌, 다양한 분야를 다루는 책 속에서 독자들은 더욱 풍요로운 독서를 할 수 있게 됐다. 2000년대 초반 10여 개에 불과하던 과학 전문 출판사 역시 내실 있는 규모로 증가했다. 전체 출판 시장에서 과학 출판이 차지하는 비중은 여전히 1퍼센트대에 불과하지만, 낮은 점유율에도 불구하고 다양한 과학책이 꾸준히 출간되고 있는 것이다.

과학책을 만드는 사람들은 과학 전문 독자라고 부를 만한 고정 독자가 5,000명 내외라고 생각해 왔다. 꾸준히 과학책을 사는 충성 독자 수의 증감은 호황이나 불황에도 체감이 되지 않았기 때문이다. 다만 책을 내면 판매 규모가 어느 정도 가늠이 되는 시장이었는데, 최근 5년 사이에 다양한 책이 쏟아지면서 이제는 판매 부수를 예측하기 어렵게 되었다. 고정된 독자 수에 양질의 책들이 다양하게 공급되면서 파이를 나눠 가지게 되었기 때문이다.

대부분의 과학책은 초판의 경우 2,000부를 제작한다. 학술서의 경우 500부나 1,000부 단위로 제작하고, 베스트셀러가 되리라 예상하는 경우 3,000부 이상을 만드는 경우도 있지만, 대부분 초판 2,000부를 찍는다. 손익 계산서를 따져보면 초판에서는 대부분 수익을 거두기 어렵다. 3,000~4,000부 사이에서 수익이 발생하므로, 6개월 이내 3,000부를 목표로 하는 것이 현실적인 계획인 것 같다. 1년에 1만 부 이상 판매되는 책은 생각보다 많지 않다.

고정 독자의 수는 한정적이지만 취향은 점차 다양하게 세분화되고 있으며, 이에 호응하듯 같은 주제를 가지고도 다양한 스타일의 책이 쏟아진다. 2020년을 기준으로 최근 3~4년 동안은 수학이 유행하면서 수학사부터 미적분까지 수학의 다양한 분야를 다룬 책들이 출간되었다. 예전에는 읽히지 않고 책장에서 자리를 차지하고 있었다면, 이제는 직접 문제를 풀 수 있도록 유도하는 등 새로운 형식으로 편집되어 '수포자'들을 유혹하고 있다.

저자의 경우도 마찬가지다. 국내외의 석학, 선생님, 학생, 유튜버 등 이전에는 상상할 수 없었던 저자층이 등장해 새로운 시각으로 자신의 이론과 이야기를 펼쳐낸다. 독자의 취향을 세밀하게 충족시킬 수 있는 책이 늘어나고 있는 것이다.

과학책은 언제 시작되었을까

이렇게 다양하게 변화하고 있는 과학책은 언제부터 만들어졌을까. 한국의 과학 출판은 1990년대 말을 기점으로 크게 구분할 수 있는데, 이전의 과학책은 국내서보다는 주로 해외서의 번역과 시리즈물이 많았다. 본격적인 과학 출판의 시작은 1970년대 일본 문고판을 번역 출간하기 시작한 시점으로 보는 것이 대부분이다. 1970년대 후반에 시장에 나오기 시작한 과학 문고판들은 주로 일본의 시리즈를 옮긴 것이었다. 1970년대 출간된 전파과학사의 '현대과학신서'(1973)를 시작으로 '블루백스'(1978), '과학선서'(1979) 등은 과학책 시장에 많은 영향을 미쳤다. 판매도 판매지만, 이 시리즈를 본 사람들이 과학 저자로 성장하게 되었다는 데에 큰 의미가 있다. 학문에 대한 정보가 대중에게 잘 알려지지 않던 시기였기 때문에 책의 분야나 저자를 따지기보다, 과학책을 읽는다는 것 자체에 의미를 둔 책이 많았다.

이미 해외 시장에서 검증된 시리즈를 가져와 책으로 펴내는 경우가 많았던 1970년대와 달리 1980년대 말부터는 김영사의 『재미있는 물리여행』, 『재미있는 수학여행』을 시작으로 과학을 쉽고 재밌게 배운다는 표어가 만들어졌다. 텔레비전 프로그램을 바탕으로 출간된 칼 세이건의 『코스모스』(1981)는 저자가 스타인 데다 재미있기까지 해 과학책 시장의 지형을 순식간에 바꾸었다. '과학책=과학자'라는 공식이 성립되면서 1980년대 후반으로 접어들며 과학 출판 시장은 아이작 아시모프, 스티븐 호킹, 리처드 도킨스를 통해 그 기반을 견고하게 다지게 된다. 국내 저자로는 『재미있는 수학여행』을 쓴 수학자 김용운과 텔레비전 출연을 바탕으로 대중적 인기를 쌓은 물리학자 김정흠, 천문학자 조경철 등이 있다.

　1990년도 이전의 과학책은 저작권 개념이 약해 해외의 유명한 책을 '그냥' 가져와 출간했었다. 1990년대는 유학파 학자가 소개하거나 유학생의 입소문을 통해 알려진 책이나, 1990년대 후반 인터넷이 보편화되면서 미국의 온라인 서점인 아마존의 베스트셀러 중심으로 정식 저작권 계약을 거쳐 번역 출간되기 시작했다. 주로 물리학과 생물학 분야의 책이 많았는데, 대다수 과학 독자의 취향이 여기에 편중되었기 때문이다.

　국내 과학 출판 시장이 본격화된 것은 1990년대 후반부터라고 할 수 있다. 사이언스북스, 궁리, 동아시아, 승산 등 '교양 과학'을 표방한 과학 '전문' 출판사들이 이 시기에 설립돼 본격적으로 과학책을 펴내기 시작했다. '쉽고 재미있는 과학'의 키워드는 계속 이어져, 괴짜 과학자 리처드 파인만의 『파인만 씨 농담도 잘 하시네!』(2000), 『정재승의 과학 콘서트』(2003)가 베스트셀러에 올랐으며, 영화의 인기에 힘입은 『뷰티풀 마인드』(2002) 등이 주목받기도 했다. 신문 서평이 판매에 크게 영향을 주던 시기였는데, 과학책이 북섹션 1면에 오르는 경우가 많았다. MBC「느낌표!」선정 도서 역시 과학 출판 시장에 중요한 영향을 미쳤다.

2000년대에 접어들어 인터넷이 활성화되면서 과학 지식은 더 이상 한정된 집단이 공유하는 정보가 아니게 되었고, 새로운 지식의 보고가 열렸다. 그러면서 기존의 물리학은 이론물리학으로 더 깊어졌고, 심리학의 관심이 확장되어 뇌과학으로, 생물학에서 세분화된 진화론과 거기서 확장된 진화심리학까지 다양한 과학 분야가 책으로 소개되기에 이르렀다. 이와 동시에 저자에 대한 충성도 또한 높아져 2000년 이전의 명성을 이어가는 칼 세이건, 리처드 도킨스, 리처드 파인만, 제인 구달에다 브라이언 그린, 미치오 가쿠, 닐 디그래스 타이슨 등이 합세해 과학서에서도 해외 저작권 경쟁이라는 새로운 트렌드가 형성됐다.

정보화 사회에서 공개된 정보는 독자들에게 방향성을 제시하기도 했지만 다른 한편으로는 누구나 저자가 될 수 있는 길을 열어 주기도 했다. 학문적 특수성으로 과거 교수나 정통 학자만이 과학책의 저자가 될 수 있었던 것과는 달리 블로그와 웹진, 잡지 등의 기고를 통해 학위의 종류와 상관없이 과학적 소견을 제시하고 전달할 수 있게 된 것이다. 그럼으로써 정재승, 이은희 등 새로운 과학 저자가 탄생했다. 또한 과학과 문화예술이 결합된『명화 속 신기한 수학 이야기』,『미술관에 간 화학자』, 『물리학자는 영화에서 과학을 본다』, 그래픽 노블과 과학이 만난 『로지 코믹스』나 웹툰 형식의 『김명호의 생물학 공방』처럼 다양한 형태로 과학적 지식을 담는 책이 출간됐다.

최재천, 최무영 등 국내 과학계의 거물들도 자신의 연구를 바탕으로 한 대중적인 과학책을 집필하기 시작했고, 젊은 과학자들도 여기에 힘을 보태 김상욱, 전중환, 장대익 등 다양한 학문적 바탕을 가진 과학자의 책이 계속 출간되고 있다.

과학 출판의 현재

'인공지능'이나 '4차 산업혁명' 등이 시대의 핵심 키워드가 되면서 과학에 대한 관심이 점차 높아지리라 예상했지만 보기 좋게 빗나가 버렸다. 이런 아쉬움이나 인공지능 에디터가 등장해 편집자가 설 곳이 없어지는 상상은 잠시 접어 두고, 발전된 기술 덕에 다양한 매체가 등장해 저자를 찾을 수 있는 활로가 더 넓어진 것을 먼저 기뻐해도 될 것 같다. 지금까지는 과학 저자를 학교나 강연, 신문과 잡지의 기고, 논문, 블로그 등에서 찾았다면 이제는 팟캐스트, 오디오클립, 유튜브, 페이스북, 인스타그램 등 다수의 사용자를 거느린 새로운 매체에서 저자를 발굴할 수 있다.

이미 출판계에서는 빠른 변화에 발맞춰 다양한 소셜미디어 채널을 책으로 만들고 있다. 동명의 인기 팟캐스트를 책으로 만든 『과학하고 앉아 있네』, 유튜브 6,000만에 가까운 조회 수를 기록한 『1분 과학』, 서울대 커뮤니티와 페이스북을 바탕으로 한 『야밤의 공대생 만화』, 5억 뷰를 돌파한 해외 유튜브 채널 'ASAP Science'를 책으로 만든 『기발한 과학책』 등이 그것이다. 또한 저술에 소극적이었던 과학자들도 적극적으로 대중과 소통하기에 나서, 자신의 지식을 알리는 데 주저하지 않는다.

새로운 매체가 등장하면 이를 책으로 담기 위해 편집자들의 많은 노력이 필요하다. 여기에다 다양한 분야와의 협업과 확장을 통한 새로운 방향성도 기대할 수 있다. 인문학과 과학, 예술과 과학, 만화와 과학에 그치지 않고 과학과 실용, 취미와 과학 등 지식 외 영역까지 나아가 새로운 과학책이 만들어질 수도 있을 테니까(이미 누군가 만들고 있을지도 모른다).

희망적인 이야기도 있지만 경계해야 할 사항도 있다. 학계 안에만 존재하던 저자의 벽이 허물어지면서 전문가와 비전문가의 경계가 낮아지면서 잘못된 정보가 독자들에게 제공될 수도 있다. 번역 어플리케이션 등이 발달해 국내 출판사의 번역본을 거치지 않고 해외 도서를 직접 구매해 읽을 수 있다.

종이책이 곧 사라지리라는 예측에도 불구하고 아직 건재하는 것처럼, 앞으로도 책은 존재할 것이고 편집자도 (어떤 형태로든) 존재할 것이다. 첨단 기술의 밑바탕이 되는 과학이 아직까지 종이책으로 만들어져 읽히고 있다는 것도 놀라운 일이지만, 한동안은 꽤 다양한 분야의 과학책이 시장에 선보이게 될 것 같다. 이러한 다양한 시도가 실패하지 않고 더 많은 독자를 과학 분야로 이끄는 계기가 되기를 바란다. 과학책을 만드는 편집자가 꾸준히 해야 할 일은 궁극적으로 올바른 정보를 제공하고, 새로운 저자와 콘텐츠를 발굴하며, 책을 완성도 있게 내는 것이 아닐까. 거기에 자신의 개성을 더해 시대의 변화에 빠르게 대처한다면 1퍼센트의 시장 역시 점차 성장하게 될 것이다.

{ 3 }

어떤 책을 만들 것인가

나만의 도서 목록 만들기

본격적으로 과학책을 만들려면 무엇부터 해야 할까? 먼저 어떤 책을 만들지 고민해야 할 것이다. 내가 원하는 책은 누구나 읽을 수 있도록 쉽고 재미있으면서 학문적으로도 가치가 있는 책이다. 이런 책을 생각만으로는 만들 수 없다(사실 영원히 만들 수 없을지도 모른다). 앞서 과학책 시장을 전반적으로 살펴보았으니, 이제 실전으로 넘어가서 실제 리스트를 분석해 보겠다.

베스트셀러 분석

누구나 쉽게 접근할 수 있는 온라인 서점을 대상으로 자료 조사를 시작해 보자. 서점에서는 책을 크게 국내도서와 외국도서로 나눈다. 국내도서에는 인문, 외국어, 역사, 경제경영 등 다양한 분야가 존재한다. 그중 우리가 선택한 카테고리인 과학, 혹은 자연과학 안에도 세부 분야가 존재한다. 물리학, 생물학, 화학, 지구과학, 수학, 의학, 과학사, 대학 교재…… 과학책을 만들려면 먼저 어떤 분야의 과학책을 만들 것인지 생각해야 한다.

만약 규모 있는 과학 전문 출판사에서 일하게 된다면 구성원들이 각각 담당하는 분야가 정해져 있을 확률이 높다. 내 경우 수학과 물리학 책을 많이 만들었던 경험 때문에 주력 분야 역시 수학과 물리학이었다. 1년 먼저 입사한 선배는 생물학을 전공하고 대학원에서 까치를 연구했으며 영장류에 관심이 많아, 생물학과 진화심리학 관련 책을 전담했다. 편집장님은 화학을 전공해 화학 분야를 중심으로 주요 도서들을 담당하고, 영문학을 전공한 후배는 교양 과학의 범주에 들어가는 입문서 위주로 편집 업무를 시작했다.

자신이 어떤 분야를 담당하게 될지 알면 자료 조사

를 좀 더 세밀하게 수행할 수 있겠지만, 전반적인 시장 흐름을 파악하고 과학책의 큰 그림을 그려 보기 위해서는 전체 시장을 살펴보는 과정이 선행되어야 한다. 과학은 앞서 말한 것처럼 베스트셀러가 스테디셀러인 보수적인 분야이다. 이러한 특성상 베스트셀러 목록을 자세히 분석하는 것이 전체 시장을 살펴보는 데 큰 도움이 된다. 어떤 책이 베스트셀러이고 어떤 분야가 상위를 차지하고 있는지, 그 경향부터 살펴보자. 시장을 사로잡을 '한 방'을 원한다면 베스트셀러 상위 도서 중 최근 발행된 책 중심으로 분석하고, 꾸준히 잘 나가는 책을 만들고 싶다면 구간을 중심으로 목록을 분석해 본다.

과학이라는 카테고리 안에서 물리학·화학·생물학·지구과학의 분류는 사실 의미가 없다. 과학책을 찾는 독자들이 물·화·생·지의 순서로 균형 있게 관심을 가지는 것이 아니기 때문이다. 지금까지 물리학과 생물학을 다룬 책이 과학 출판의 중심을 이뤘지만 최근 들어서는 수학책의 수요가 늘어나고 있는 것처럼, 과학책은 고정된 틀 안에서 조금씩 변화의 주기를 맞기도 한다.

전체 리스트에서 어떤 분야가 잘 팔리는지, 어떤 분야가 다양한 주제를 선보이고 있는지, 국내서와 번역서의 비율은 어떤지, 국내서는 어떤 스타일로 저술되는지,

저자는 단독인지 공동인지, 번역서는 몇 페이지 분량의 책이 많은지 등 지나치다 싶을 정도로 자세히 분석할수록 좋다. 신간일 때 상위권을 차지하다가 급락하는 경우가 많고, 3~4월의 경우 독후감 대회 등의 이슈에 따라 순위가 크게 바뀌는 경우가 많아 적어도 200위까지는 분석해 보기를 추천한다.

독자의 선호 경향이 크게 바뀌지 않기 때문에 베스트셀러 리스트의 테두리 안에서 자신이 만들고자 하는 책의 상을 그려 보는 것을 추천하지만, 여기에서 벗어나 새로운 주제나 트렌드를 제안하고 싶다면 해외 시장을 함께 살펴보는 게 좋다. 미국과 영국, 일본의 아마존 사이트 등에서 베스트셀러 목록을 분석하는 것이다. 과학이론의 경우 영미권에서 선도하는 경우가 많으니 영미권 도서에 주목하고, 우리와 비슷한 양상이면서도 과학자 외 프리라이터들의 가벼운 저술 스타일을 맛볼 수 있는 일본의 리스트를 곁들여 본다.

분야와 독자

베스트셀러 목록을 중심으로 조사를 마쳤다면 이제 선택할 시간이 왔다. 책의 다양한 분야 중 과학이라는 영역을 선택한 것처럼, 과학의 영역 중 어떤 분야의 책을 만들 것인지 선택할 차례다. 독자는 균형 있는 시선으로 책에 접근하지 않지만, 편집자는 중·고등학교 교육 과정에서 경험한 물리학·화학·생물학·지구과학으로 나누어 사고할 수밖에 없다. 여기에 수학과 의학을 더하면 기본적인 과학책 분야의 선택지가 완성된다.

　　과학책의 분야는 주제에 따라 나눌 수도 있지만, 책의 난이도나 서술 스타일에 따라 분류할 수도 있다. 큰 주제 영역을 정하고, 기본 이론을 소개하는 방법으로 서술할 것인지(과학 일반/과학 입문), 역사적인 흐름을 다룰 것인지(과학사), 학문적인 내용을 소개할 것인지(학술) 등을 정한다. 과학 이론의 경우 독립적인 분야로 분화되기도 한다. 생물학에서는 뇌과학이나 진화론, 진화심리학으로 분화되고, 물리학에서는 양자역학이나 우주론, 초끈이론 등으로 분화된다. 이렇게 독자층이 꾸준한 분야는 점점 더 세분화되는 추세다.

　　전문 과학 출판사에서 일하는 것이 아니라면, 어떤 주제의 책을 만들지 선택하는 것은 오롯이 편집자 개인의 취향에 달렸다. 물리학이 '마니아적'인 분야이고, 2010년을 전후로 진화심리학이 핫이슈였다면, 2020년 대세는 수학이다. 환경에 관심이 많아지면서 환경 분야의 책을 만들고 싶어 하는 편집자도 늘고 있다. 환경은 사회과학으로 분류되기도 하지만, 과학에서 생태학으로 분류되기도 한다. 진화심리학은 인문학의 심리학으로 분류되기도 하지만, 과학의 생명과학으로 분류되기도 한다. 개인의 취향을 바탕으로 주제나 매출 규모, 저자의 인지도 등의 요소와 어떤 방향에 포커스를 맞출지를 고려하여 책의 주요 분야를 결정하는 것이 좋겠다.

주요 분야를 선택했다면 이제 주요 독자를 상정해야 한다. 물론 우리는 주요 독자로 과학 독자를, 2차 확장 독자로 일반 독자를 염두에 두는 경우가 많다. 하지만 과학 독자에서 일반 독자로 확장되는 것은 문서에서나 존재할 뿐 쉬운 일이 아니다. 중고생에서 과학 독자로, 과학 독자에서 인문학 독자로 확장될 수는 있을 것이다. 중·고등학생은 과학책의 또 다른 주요 독자층이다. 과학 독후감용으로 선정된 도서나 추천 도서, 입시 논술 참고용으로 책이 대량 판매되는 경우가 많다. 하지만 책을 청소년용으로 만든다면 과학 독자에게까지 뻗어 나가기가 쉽지 않다. 그래서 대부분은 과학 일반으로 분류해 일반 독자를 1차 독자인 주요 독자로 상정하고, 청소년 과학을 하위로 넣어 2차로 청소년 독자층을 포괄하는 방식을 취한다.

대부분의 과학 출판사는 주요 독자를 40~50대 남성 독자로 상정해 왔다. 하지만 최근의 온라인 서점 판매 동향에 따르면 40대 여성 독자의 수가 남성 독자를 앞서고 있다. 여성/남성 과학 독자를 위해 특화된 기획을 할 필요는 없다. 과학 이론은 성별을 구분하지 않기 때문이다. 진화심리학의 경우 과학 독자 외에 일반 독자, 특히 여성 독자로 독자층이 확장되는 경우가 많지만, 이를 제외하고는 여성 독자가 더 선호하는 주제 분야는 많지 않은 것 같다. 오히려 여성 독자를 타깃으로 만든 책들이 시장에서는 애매한 포지션으로 실패하는 경우가 많다. 주요 도서 구매층인 20~30대 여성의 경우 과학 매대나 과학 카테고리를 거의 찾지 않기 때문이다. 다만 여성 과학자를 다룬 영역은 예외로, 이 분야의 주요 독자는 여성이다.

국내서와 번역서

분야와 독자를 정했다면, 국내서를 만들 것인지 번역서를 만들 것인지 결정해야 한다. 한 권의 과학책을 만든다면 어떤 책을 선택할까? 지금까지 과학책을 만들어 온 것이 아니었다면 먼저 관심 있는 과학 관련 인물을 물색해 국내서를 만드는 것을 추천한다. 책의 난이도가 비교적 낮고, 책을 만들면서 궁금하거나 해결할 수 없는 사항이 발생하면 저자에게 직접 물을 수 있기 때문이다.

만약 한두 권이 아니라 과학책의 리스트를 꾸려 꾸준히 책을 내야 하는 상황이라면 외서와 국내서의 비율이 중요하다. 국내서는 기획부터 집필, 출간까지 꽤 오랜 시간이 소요된다. 기획하고 저자를 섭외하는 단계도 쉽지 않을뿐더러, 원하는 저자와 계약을 마쳐도 원고를 받기까지 몇 년이 걸리는 경우도 있다. 쌓아 둔 원고 없이 일정한 간격으로 책을 내야 한다면 이미 완성된 원고 형태로 존재하는 해외서를 선택할 수밖에 없다.

2000년대 초반에는 과학책 출간 리스트를 짤 때 외서와 국내서의 비율을 7:3으로 조정했다. 2020년대에 접어들면서 다양한 스타일의 국내서가 출간되고 저자 군이 확대되면서 5:5 정도의 비율이 적당하다고 생각하지만, 회사의 성격과 본인 성향에 따라 국내물만 출간하거나 번역물만 출간할 수도 있다.

국내서의 경우 세부 분야는 과학 일반으로 잡는 것이 좋다. 학술적인 부분을 강조하려 한다면 동일한 분야의 해외 저자의 책보다 생산성이 떨어지기 때문이다. 이미 존재하는 책을 시간과 공을 들여 추가로 써야 할 필요가 있을까? 그보다는 국내 저자만이 쓸 수 있는 콘텐츠로 한국의 독자들에게 와 닿는 책을 만드는 것이 좋을 것이다. 물론 저자가 학문의 오리지널리티를 가지고 있거나 한국에 적용되는 이론이라면 학술적인 책으로 방향을 잡는 것이 나을 수 있다. 대부분의 과학 저자는 연구를 병행하기 때문에 원고의 생산성이 떨어진다. 그렇기 때문에 편집자는 집필에 보다 수월한 책을 제안하는 일이 많다. 입문서나 과학 일반으로 분류되는 것들이 그런 경우다.

번역서의 경우 좀 더 학문적인 측면으로 접근하는 경향이 있다. 최신 연구 성과를 담거나 새로운 학문의 경향을 파악할 수 있는 책을 중심으로 출간 여부를 검토한다. 물론 콘텐츠만큼이나 저자의 소속이나 이력도 출간 여부를 고려하는 데에 중요하게 작용한다. 만약 뇌과학의 최신 이론을 담은 책을 기획한다면 수많은 책이 후보에 오를 것이다. 이중 어떤 책을 선택할지는 편집자의 재량에 달렸다. 하버드대학 교수의 책을 선택할지(저자의 권위에 기댈 수 있다), 왕성한 활동을 하고 있는 유럽의 젊은 연구원을 선택할지(학문의 트렌드를 주도하는 최신 이론을 담을 수 있다), 『뉴욕타임스』의 전문 과학기자가 쓴 책을 결정할지(시야가 고르고 가독성이 뛰어나다)는 오롯이 당신의 몫이다.

책의 난이도

관심 있는(만들고 싶은) 과학 분야와 독자를 선택했다면, 함께 고려해야 할 것은 책의 난이도이다. 대학 교재인가의 여부가 아니라 전문 독자라고 부르는 과학 고정 독자들이 볼 책을 만들지, 일반 독자들이 볼 책을 만들지를 선택하는 것이다.

과학 편집자들이 생각하는 과학 독자의 수는 대략 8,000~1만 명 정도의 규모이고, 그중 적극적인 독자라고 할 수 있는 과학 전문 독자는 5,000명 정도라고 추산한다. 대부분의 과학책은 초판 2,000부를 찍기 때문에 3개월 안에 5,000부를 팔 것인지, 아니면 더 많은 독자를 끌어 모을 수 있을 것인지 판단해야 한다. 물론 과학 독자도 읽고 일반인도 읽는 책을 만들면 좋겠지만, 두 독자가 함께 읽는 책은 생각보다 많지 않다.

과학 전문 독자를 위한 책을 전문 과학서라고 칭하고, 일반 독자를 위한 책을 교양 과학서라고 이야기한다면, "쉽고 재미있게 과학을 이해할 수 있다!"라고 말하는 책은 대부분 교양 과학서이다. 하지만 과학을 다루는데 내용이 쉽고 재미있을 리가 있겠는가. 그래서 과학책을 만드는 사람들의 카피도 변화했다. "알파벳을 모르고 영어를 구사할 수 없듯, 과학을 이해하려면 단계가 필요하다!"라고.

전문 과학서의 경우 저자가 유명하거나 노벨상 등을 수상해 학계의 이슈가 되는 경우를 제외하면 초판에서 폭발적인 판매를 기대하기는 어렵다. 대신 과학 이론은 새로운 이론이 등장하지 않는 이상 지속되기 때문에 꾸준히 판매되는 경향을 보인다. 또 단계를 쌓아 가면서 이론을 보완하기 때문에 한 책을 읽고 나면 꼬리를 물고 연관되는 책까지 읽게 된다. 전문 과학서는 이론의 연계성과 서술 방법의 적절성에 따라 꾸준한 판매를 기대할 수 있는 효자 상품이 되기도 한다.

대중 과학서는 보통 출간되었을 때 주목을 받고 판매가 상승하지만 1년이 지나지 않아 매출 폭이 대폭 감소하는 경향이 두드러진다. 출간하자마자 과학 베스트 상위권으로 치고 올라갔다가 금세 100위권 바깥으로 사라지는 것이다. 대중이 과학책을 고정적으로 찾지 않기 때문에 생기는 특징이랄까. 총합으로 볼 때 비슷한 규모의 판매량이지만, 이를 일정하고 꾸준하게 나눠 끌고 갈 것인지 단번에 매출을 올릴 것인지는 전체 리스트를 구성할 때 고려해야 할 중요 사항이다. 고정적인 매출을 올릴 수 있는 입문서와 학술서 등을 먼저 배치하고, 그중 단기적인 효과를 기대할 수 있는 책을 중간중간 넣는 것이 좋겠다. 물론 모두 베스트셀러가 될 것이라는 기대를 접지 말아야 한다!

생산성 문제

과학 전문 편집자는 1년에 몇 권의 과학책을 내는 것이 적당할까? 개인적으로 기획과 교정을 포함해 한 명의 편집자가 1년 동안 낼 수 있는 과학책의 수는 네 권이 최대라고 생각한다. 욕심을 부려 대여섯 권을 낼 수도 있겠지만, 책의 완성도나 전체 리스트의 균형을 고려해 서너 권 정도의 책을 내고 타율(판매량)을 높이는 방향이 효과적이다. 하지만 매출이 나오지 않는 상태에서 계속 책을 적게 내기란 쉽지 않다. 나 역시 매년 편집자 두 사람이 열 권 이상의 책을 내겠다는 원대한 꿈을 품었지만, 목표를 완벽히 채운 적은 없었다.

　과학책의 생산성이 떨어지는 이유는 원고 수급 문제도 있지만, 대부분은 내용의 검토와 교정 과정 때문이다. 편집자가 하루에 20~30쪽 분량의 원고를 읽고 교정하는 것도 쉽지 않다. 교정을 외주로 내보내더라도 편집자가 원고 내용을 파악하고 있어야 하는데, 검토 과정에서 원고를 단시간에 이해하기란 어렵다. 책을 제대로 편집할 수 있는 외주 편집자를 찾는 것도 쉬운 일이 아니다. 외서의 경우 원서를 검토했을 때와 번역 원고를 받았을 때 내용이 상이하게 느껴지는 경우도 허다하다(물론 원고가 변한 것이 아니라 내 영어 실력이 부족했을 뿐이다). 이런 이유로 과학 출판의 생산성은 타 분야에 비해 떨어질 수밖에 없고, 역시 같은 이유로 과학책이 전문 편집자만 만들 수 있는 영역으로 여겨지게 된 것 같다.

물론 과학책을 여러 권 만들다 보면 교정이 수월해지고, 이해도 빨라진다. 단, 같은 주제의 책을 '연달아' 낼 경우에 말이다. 인간은 망각의 동물이며, 과학 편집자 역시 인간이다. 분명 해당 분야의 내용을 고생해서 공부하고 완벽하게 이해했다고 생각했지만 몇 년 뒤 같은 분야의 책을 만들 때 백지 상태로 다시 사전을 뒤적이고 공부하는 자신을 발견하게 된다. 이제 막 과학책을 만들고자 하는 편집자에게 편집 노트를 작성하길 권하는 것은 이런 이유에서이다.

여기서 잠깐 편집 노트에 대해 다시 한번 자세히 짚

고 넘어가 보자. 편집 노트에는 우선 담당하게 된 책의 이름을 적는 것이 첫 번째다. 원고를 읽으면서 좋은 문장을 적어 두거나, 편집 과정에서 저자나 역자와 소통할 때 어려웠던 점, 효과적이었던 방법 등을 적는다. 가장 중요한 것은 자신만의 용어 수첩이다. 나는 두꺼운 스프링 노트에 인덱스 스티커를 붙여 여러 책들의 편집 노트를 적어 두었는데, 처음에는 길고 자세하게 썼지만 점점 노트의 분량이 줄어들었다. 하지만 매번 용어를 적어 두는 것만은 꼼꼼히 챙겨 두었다.

한두 페이지에 걸쳐 책마다 등장하는 새로운 용어는 꼭 적었다. 표기 방식은 자유롭게, 본인이 잘 알아볼 수 있으면 된다. 영문명을 적고 한글명을 차례로 적는데 (그 반대여도 상관없다), 한글명은 띄어쓰기 표시를 해서 적는 것이 좋다. 용어를 찾다 보면 통일되지 않거나 한글명이 없어서 만들어야 하는 경우도 생긴다. 이럴 때 작성한 노트가 자신만의 기준점이 된다. 가나다 순으로 깔끔하게 정리할 필요도 없다. 새로운 단어가 등장할 때마다 순서대로 적으면 된다. 해 보면 얼마나 도움이 되는지 알게 될 것이다. 손으로 적어 두면 생각보다 기억에 오래 남는다. 정확하게 모든 것이 기억나지는 않더라도, 기억을 더듬다가 노트를 뒤적여 보면 본인이 써 둔 용어를 찾아 낼 수 있다.

　과학책을 만드는 것은 개인의 취향이 반영될 수밖에 없는 작업이다. 과학에 전혀 관심이 없다면 솔직히 과학책을 만들기 어렵다. 과정이 전혀 재미가 없을뿐더러 문자 그대로 이해조차 되지 않기 때문이다. '어떤 과학책을 만들 것이냐'라는 질문은 '어떤 과학에 흥미를 가지고 있느냐'라는 질문과 동일하다. 과학책을 만들고자 한다면 다양한 과학의 분야를 접해 보고 호기심이 드는 쪽으로 기획 방향을 세밀하게 세우는 것이 좋겠다.

과학책을 기획하는 방법

해외편

책의 관심 분야와 난이도를 결정했다면 이제 실전 기획으로 넘어가야 할 차례다.

　과학책은 연구의 주류가 영어권이기 때문에 주요 이론을 담은 책은 번역서가 큰 비중을 차지할 수밖에 없다. 주요 이론을 담은 책이 아니더라도 셀 수 없이 많은 책이 이미 존재하고 있기에, 국내서만 만들기로 결심했다 할지라도 외서를 탐색하는 일을 게을리해서는 안 된다. 내가 기획하고자 하는 책이 이미 외서로 존재할 가능성이 크고, 유사한 책이 없더라도 책 내용을 따라가려면 학문의 흐름을 알아야 하며, 이를 참고할 수 있는 수많은 사례가 해외 시장에 존재하기 때문이다. 자주 바뀌지는 않지만, 과학 출판계의 주요 트렌드를 미리 엿볼 수도 있다.

과학책을 기획하는 데 있어 가장 효과적인 훈련 방법은 외서 검토 소견서를 작성하는 것이라고 생각한다. 다양한 분야의 책을 접할 수 있고, 해석해야만 하며(외국어든 한국어든 해석이 힘든 건 마찬가지이다), 기사와 리뷰를 통해 내가 검토한 책이 어떤 평가를 받고 있는지 확인할 수 있다. 검토 소견서에는 저자에 대한 정보와 간단한 내용 요약(아마존의 내용 요약을 번역한다), 차례, 검토 소견을 필수로 적는다. 그 외에 판매지수나 해외 시장에서의 반응, 해당 주제를 다룬 국내 기출간 유사 도서와 경쟁 도서 등을 포함한다. 책은 시간이 많이 걸려 완독이 어려우니 서문과 1장 정도를 읽고, 검색을 통해 저자 인터뷰나 리뷰를 찾아보는 것이 빠른 방법이다.

해외 유명 저자

리처드 도킨스나 칼 세이건, 제인 구달과 같은 해외 유명 석학의 책은 과학 출판에서 중요한 위치를 차지한다. 유능한 학자이자 자신의 학문을 유려한 글솜씨로 담아

내는 A급 저자이기 때문이다. 이들의 책이 베스트셀러이자 스테디셀러인 건 물론이다. 이 책들의 내용이 과학계의 중심이자 새로운 트렌드이며, 판매까지 보장되니 과학책에 관심이 있다면 한 번쯤은 이들의 책을 만들고 싶은 것이 당연하다.

하지만 유명 저자들은 이미 책을 출간한 출판사에 저작권 옵션이 있거나, 저작권이 모두에게 열려 있는 경우라 해도 선인세가 매우 높게 형성되어 있다는 단점이 있다. 또한 책을 쓰기 전에 간단한 스크립트나 두세 줄짜리 프로포절 상태에서 먼저 계약되는 경우가 대부분이다. 미국 등 영어권에서 책을 낸 적이 있거나 학문적으로 뛰어난 업적을 쌓아 가고 있는 과학자들은 브록먼 Brockman, Inc.이라는 에이전시 소속인 경우가 대부분인데, 저작이 없는 경우라고 해도 유명한 과학자이기 때문에 판권이 1만 달러가 넘는 경우가 많다. 대형 출판사나 본격 과학 전문 출판사가 아니라면 높은 선인세를 부담하면서 유명 과학자의 책을 기획하려면 경제적으로 부담이 될 것이다.

참고문헌 찾기

그렇다면 우리는 어떤 방법으로 '그 외의' 저자를 찾아야 할까? 우선은 번역된 베스트셀러 과학책의 참고문헌을 찾아보는 것을 추천한다. 참고문헌은 책을 쓸 때 저자가 참고하는 책의 목록이기 때문에 저자의 취향이 반영되고, 책의 출판 여부를 알아보기도 수월하다. 또한 유명 과학자인 저자가 참고할 정도의 책이니 그 책을 쓴 저자 역시 내가 처음 듣는 이름이라 할지라도 학문적인 검증이 어느 정도 되었다고 볼 수 있을 것이다. 그렇다면 참고문헌에 나온 모든 저자의 책을 찾아야 할까? 그건 아니다.

참고문헌 찾기 방법을 간단히 소개해 본다. 우선 본인이 관심이 있는 분야의 책을 서너 권 준비한다. 그리고 그 책들의 참고문헌 목록을 복사한다. 그중 이름이 반복되는 사람이되, 논문도 있고 단행본도 있다면 우선 합격이다(논문과 단행본의 차이는 표기 방법에서 알아볼 수 있다. 단행본과 학술지의 경우 이탤릭으로 표기하고, 논문은 이탤릭 앞에 등장한다). 한 저자의 같은 책 제목이 반복된다면 더욱 좋다. 이런 식으로 주요 도서의 참고문헌 중 반복되는 저자와 책의 리스트를 체크해 본다. 리스트가 완성되었다면 우선 가장 많이 참고된 책의 저자를 검색해서 찾아보자. 그가 어떤 학문을 연구하는 학자인지, 소속이 어디인지, 활동은 활발하게 하고 있는지 알아본다. 해외 사이트에서 먼저 검색 후 국내 사이트에서도 기사 등으로 검색되는지 찾아보기를 추천한다. 그 뒤 그의 가장 많이 인용된 책이 어떤 책인지 찾아보자.

우선 제목에서 책의 난이도를 약간이나마 파악할 수 있을 것이다(해석이 대충 가능한 단어로 구성되었다면 대중서일 확률이 높다). 책의 내용은 미국 아마존 사이트에서 쉽게 찾아볼 수 있다. 책이 너무 오래된 경우라면 구글링을 통해 대략의 내용을 파악한다. 여기서 먼저 파악해야 하는 것은 책의 내용 전반이 아니라, 대중서인지 학술서인지 여부다. 학술서라면 과감히 포기하고 리스트의 다른 책을 찾는다. 대중서라면 국내에 출간되었는지 여부를 먼저 검색한다. 국립중앙도서관이나 인터넷 서점에서 원서명 혹은 저자명으로 검색하면 출간 여부를 알 수 있다. 원서명이 기재되지 않거나 누락되는 경우도 있으니 되도록 많은 사이트에서 중복 검색하는 것이 좋다.

이런 방법으로 계속 리스트를 만들면 중복되는 이

름이 꽤 많이 나올 것이다. 이 중복되는 이름의 저자가 대학 교수라면 해당 대학의 홈페이지를, 연구소에 있다면 연구소 홈페이지에 들어가 함께 일하는 동료들을 찾아본다. 해외 저자를 찾는 일은 마치 좋아하는 연예인의 정보를 검색하는 것과 비슷하다. 영화관에서 영화를 보고 출연하는 배우가 마음에 들었다면, 집에 돌아가는 길에 휴대폰으로 해당 배우의 이름을 검색할 것이다. 어떤 작품에 출연했는지, 인터뷰나 기사가 있는지 등을 찾아볼 것이다. 더 나아가 팬이 운영하는 블로그에서 데뷔 에피소드라든지 영화 출연 계기 등을 읽거나 같은 소속사의 배우를 검색하고 있을지도 모른다. 저자를 찾는 과정도 이와 비슷하다. 팬의 마음으로 그가 어떤 연구를 하는지, 어떤 교육 과정을 거쳤는지, 동료는 어떤 사람이 있는지 마치 흥신소 직원이 된 것 마냥 염탐해 보자. 약간 집요한 성향이라면 이 과정은 반드시 당신에게 기쁨을 줄 것이다!

실제로 내 경우 브라이언 그린의 얼굴을 좋아해서 그의 뒷조사를 무척 오래해 왔는데, 그가 졸업한 미국의 명문 고등학교 동문 중에 과학자가 많아 교우관계를 추적해 보았다. 그중 리사 랜들이라는 여성 과학자를 알게 되었고, 학문적 성취와 더불어 아름다운 외모까지 반해 한동안 그의 뒤를 캐기도 했다. 그 인연으로, 기회가 닿았을 때 주저 없이 책을 계약했다.

이 참고문헌 탐색 방법은 단점이 있다. 저자가 매우 연로하거나 사망한 경우가 많고, 출간된 지 오래된 책도 많다는 것이다. 이 방법은 고전을 찾거나, 연관 검색을 통해 새로운 저자를 찾을 때 주로 사용하면 좋겠다. 처음 과학책을 접하는 편집자라면 저자의 이름을 많이 알아 둘수록 좋으니 두어 권의 책을 연습 삼아 참고문헌 탐색을 해 보길 추천한다.

관심 분야 찾기

어떤 책을 만들 것인지 고민할 때 책의 분야와 난이도를 결정했을 것이다. 이제 조금 더 깊게 관심 분야를 탐색해 보자. 국내 에이전시에서 제공하는 해외 출판사 라이츠가이드와 해외 온라인 서점을 중심으로 주요 분야의 과학책을 찾아볼 수 있다.

해외 출판사 라이츠가이드는 주요 도서전을 전후로 하여 제공되는데, 에이전시는 유료 회원에게 좀 더 좋은 정보를 제공한다. 대부분의 출판사에서 무료로 제공받는 리스트의 책들은 이미 계약된 경우가 많지만, 꼼꼼하게 살펴보면 신인 작가의 첫 저작이나 미계약 상태인 책을 운 좋게 발굴할 수도 있다.

관심 가는 분야의 책을 에이전시에 문의할 때 해당 분야의 새로운 책이 나오면 알려 달라고 이야기해 두자. 에이전트들은 대부분 소설이나 철학, 역사 등을 전문으로 하고 과학은 전문적으로 취급하지 않으므로, 내가 원하는 구체적인 키워드를 제공하고 관심 분야를 표현한다면 차후 관련 도서를 먼저 제공받을 가능성이 크다. 무조건 '과학책을 소개해 달라'고 요청하기보다 '블랙홀', '주기율표', '인공지능' 등의 키워드를 언급하고 꾸준히 관심을 표명하는 게 좋다.

에이전시 외에도 누구나 접근할 수 있는 온라인 서점에서도 책을 찾아보자. 아마존 베스트셀러 목록의 과학책들은 아마 대부분 계약이 되었거나 출간이 되었을 것이다. 그렇기 때문에 우리는 틈새시장을 찾아야 한다. 먼저 본인이 관심 있는 분야의 베스트셀러나 좋은 책이라고 생각되는 책(번역 출간된 외서)들을 아마존에 검색해 보면 이 책을 찾는 독자가 선택한 도서나 유사 도서가 나온다. 그 검색 결과를 바탕으로 연관 도서나 연관 저자를 찾아보거나, 우리나라보다 좀 더 세분화된 카테고리의 베스트셀러 중심으로 책을 찾아보는 것도 좋은 방법이다.

베스트셀러 대부분은 아이디어 단계에서 높은 선인세로 계약되는 경우가 많으니, 검색 시점에서 출간일이 5년 이상 지난 도서 등을 우선적으로 찾아보는 것도 좋은 방법이 될 수 있다. 다양한 카테고리만큼이나 책이 갖가지이기에, 과학책인 척 종교나 영성에 관한 내용을 포함하고 있는지도 체크해야 한다. 제목에 속지 않도록 주의하자.

고전, 해적판, 계약 만료 도서 찾기

외서를 기획하는 효과적인 방법으로는 고전 찾기가 있다. 여기서 고전의 기준은 아이작 뉴턴의 『프린키피아』나 갈릴레오 갈릴레이의 『대화』와 같은 책이 아니다(물론 이런 고전을 기획해도 좋다!). 개인적으로 과학 고전은 일반인이 해독하기 거의 불가능하기 때문에 20세기 후반에 출간된 과학책들을 고전이라고 칭하고 '사이언스 뉴클래식'이라고 부른다. 영미권에서 이 시기에 출판된 과학책 중 번역되지 않은 책이 상당히 많다. 앞서 이야기한 참고문헌에서 찾은 책들이 여기에 해당한다. 이런 책을 찾아보는 것도 재미있는 공부가 될 것이다.

최근 출간된 존 그리빈의 『슈뢰딩거의 고양이를 찾아서』는 과학 저자 존 그리빈의 출세작으로 1984년에 출간되었지만 국내에 소개된 적이 없었다. 존 그리빈은 아내인 메리 그리빈과 함께 많은 과학책을 썼는데, 이상하게도 그의 출세작이자 양자역학을 설명할 때 자주 인용되는 '슈뢰딩거의 고양이'를 대중에게 알린 이 책은 오랫동안 국내에 번역이 되지 않았다. 이처럼 많은 책이 번역된 과학 저자라 할지라도 미번역된 수작이 남아 있는 경우가 있으니 레퍼런스를 잘 체크해 본다.

1990년대 이전에는 저작권 개념이 불분명해 해적판과 같이 저작권 계약 없이 출간된 책이 많았다. 2004년 정식 출간된 『코스모스』도 그런 경우 중 하나였다. 제임스 글릭의 『카오스』, 리언 레더먼의 『신의 입자』, 베르젠 하이젠베르크의 『부분과 전체』역시 정식 출간된 지 오래되지 않았다.

몇 년 전, 오랫동안 책장에 꽂혀 있던 『부분과 전체』를 보고 저 책을 제대로 읽어 봐야겠다는 생각이 들었다. 꽤 오래전에 읽었던 책이라 머릿속에 내용이 거의 남아 있지 않았기 때문이다. 감탄하면서 책을 읽다가 문득 판권 면을 살펴보니 해외 판권 면이 존재하지 않는 것이다! 놀랍게도 2013년 개정 신판까지 출간되었던

이 책은 해적판이었다. 부랴부랴 에이전시를 통해 문의해 보았는데 한발 빠른 출판사가 계약을 이미 마쳤다는 통탄의 소식을 들었다. 『부분과 전체』는 2016년 정식 번역판이 출간되었고, 2020년 개정판이 출간되었다. 담당 편집자에게 부러움과 박수를 보낸다. 물리학과 철학에 관심 있는 사람이라면 꼭 읽어 보라고 권하고 싶은 책이다. 회사나 남의 집 책장에 있는 낡은 책을 유심히 살펴보자. 도서관에서 낡은 과학책의 판권 면을 찾아보는 것은 어떨까.

해적판과 더불어 영어 원서를 읽지 않아도 되는 방법이 또 있다. 계약 만료된 기출간 도서를 찾는 것이다. 1990년대 후반부터 2000년대 초반까지 과학 출판이 본격적으로 시동을 걸던 때에 괜찮은 책들이 여럿 출간되었지만, 시기가 무르익지 않았던 탓인지 아쉽게도 독자들의 관심을 얻지 못하고 절판된 경우가 많다. 이런 책을 찾아서 현재 출간해도 괜찮은지 검토해 보는 것도 좋은 방법이다. 다만 그 무렵 출간된 과학책에 관심이 없었다면(새로 시작하는 과학 편집자라면 그럴 가능성이 높을 것이다), 저작권이 만료된 책을 찾기 위해 발품을 팔아야 할 것이다.

저작권이 없는 고전을 출간하는 것도 좋은 방법이

다. 다만 이 경우 역자 선정이 중요하고, 적극적인 편집과 해석, 디자인을 통해 소장 가치가 있는 책으로 만들어야 한다. 이미 문학 분야에서는 주석 달린 판본이나 초판본 등이 많이 출간되었는데, 과학 고전 역시 이런 방향으로 책을 만들어 보면 어떨까. 이름을 들어 본 적이 있는 고전이라면 모두 대상에 포함될 것이다. 고전을 해외에서만 찾지 말고, 규장각 등을 통해 조선 시대의 과학책을 찾아보는 것도 좋겠다.

그 외에 외서를 기획하는 방법에는 논문이나 인터뷰를 모아 책으로 만드는 방법이 있다. 이 경우 논문 각각의 저작권을 확보해야 하는 번거로움이 있고, 편당 저작권료가 500달러 이상이기도 해 웬만한 책의 선인세 가격을 훌쩍 뛰어넘을 수도 있다. 개인적인 친분으로 저자의 허락을 받고 무상으로 사용할 수도 있지만, 해외 논문의 경우 학회지에서 저작권을 일괄 처리하는 경우가 많다. 관리하는 논문이 많기 때문에 저작권을 전자 결제 시스템으로 구입 처리하는 방식을 취하고 있어서 저자가 무상으로 사용하도록 허락했더니 비용을 지불해야 하는 일이 발생할 수 있으니 주의해야 한다.

다양한 방법으로 외서를 탐색하는 것은 책을 기획

하고 편집하는 데에 효과적인 훈련이 된다. 차례를 번역해 보길 제안하는 이유는 정확하지 않더라도 차례를 번역하면서 이론의 순서와 흐름을 익힐 수 있기 때문이다. 전공자라면 일반물리학에서 고전역학 뒤에 열역학, 전자기학, 상대성 이론, 양자역학이 순서대로 나열된다는 것을 이미 알겠지만, 전공자가 아니라면 차례를 살펴보는 방법으로 알아 갈 수 있다. 이렇게 공부해 두면 국내서를 기획할 때 참고가 되기도 한다. 여러 책을 읽는 것과 비슷한 경험을 제공하니, 외서를 출간하지 않더라도 검토 소견서를 꼭 작성해 보자.

과학책을 기획하는 방법

국내편

국내물 기획 역시 크게는 저자와 주제를 중심으로 한다
는 점에서 외서와 접근법이 다르지 않다. 번역서의 경우
원서와 번역자의 역할이 중요한 위치를 차지한다면, 국
내서는 저자의 원고와 더불어 편집자의 적극적인 편집
과정이 동반되어야 한다. 몇몇 저자를 제외하고 대부분
의 이공계 저자들은 인문학 저자들에 비해 글쓰기를 어
려워하는 경향이 있다. 저작이 없거나 전작이 크게 주목
받지 못한 경우, 책을 쓰고 싶은 마음이 있더라도 실제
집필에 자신이 없어 주저하는 경우가 많다. 학문적 소양
에다 글로 독자와 소통하는 능력까지 모두 갖추었음에
도 자신의 지식이 부족하다고 여겨 망설이는 예비 저자

도 있다. 과학책 국내 기획의 첫 단계는 이공계 저자 및 잠재적 저자들을 끌어내 글쓰기를 권하는 것에서 출발한다.

주요 과학 저자

출판사에서 과학책을 만들기로 결정했다면 대부분 유명 저자와 교류하며 책을 내는 것을 그 시작으로 생각할 것이다. 국내에서는 최재천, 최무영, 정재승에 이어 장하석, 김민형, 김상욱, 장대익, 전중환, 이강영 등 주로 대학에 적을 둔 과학자가 중심을 이루고 있다. 베스트셀러 작가이거나 주목받는 저작이 있는 경우, 혹은 해외에서 연구 업적을 크게 인정 받은 경우 섭외가 쉽지 않다. 이미 계약된 책이 몇 권 쌓여 있거나, 연구 외 다른 활동이 많아 집필이 불가능하기 때문이다.

주목받는 저자의 풀이 한정적이다 보니 과학 저자 대부분은 여러 출판사와 두어 권 이상의 책을 계약한 상태다. 편집자의 미덕은 끈기와 기다림이라 했던가. 유명 저자와 작업하기 위해서는 기존 계약이 두세 건쯤 된다 하더라도 그 후를 기약할 수 있는 자세와 차별화된 기획안이 필요하다. 계약된 책이 많아 집필에 부담을 가진 저자에게, 평범한 기획이나 '선생님 쓰시고 싶은 대로 쓰시라'는 제안으로는 그의 마음을 사로잡을 수 없을 것이다.

나와 우리 회사만이 해 줄 수 있는 기획이나 마케팅 방향을 제시하는 것에 앞서, 모든 저자에게 솔직한 자세로 다가가는 것이 좋다. 기본적인 과학 지식이 있다면 깊은 이해를 바탕으로, 과학에 대해 잘 알지 못한다면 초심자의 자세로 접근하는 것이다. 어설프게 아는 척하는 것보다 모르는 것을 모른다고 할 수 있는 용기가 필요하다.

과학 저자들은 생각보다 열린 마음으로 시간이 허락하는 한 미팅에 임하는 편이다. 첫 미팅에서 계약을 성사시키고 말겠다고 다짐하기보다는, 꾸준히 관계를 쌓아 나가면서 나만의 기획을 제시하는 것이 좋겠다. 관심이 가는 저자를 발견했다면 우선 주저 없이 메일을 보내 보길 바란다.

새로운 저자는 어디에서 찾을까

모든 저자는 첫 번째 책을 쓰는 과정을 거친다. 그렇다면 첫 책을 쓸 새로운 저자는 어디에서 찾을 수 있을까.

고전적인 방법으로는 신문이나 잡지 등의 기고를 통해 저자의 글쓰기를 판단한 후 연락을 하는 방법이 있겠다. 이 경우 속도가 관건이다. 대부분 보는 눈이 비슷하기 때문에 눈에 띄는 기획 연재나 새로운 칼럼이 올라오면 바로 이메일을 보내도 내 앞에 다섯 사람 이상의 편집자가 존재할 가능성이 크다. 게다가 요즘은 출판사와 저자가 원고를 생산하기 위해 계약을 체결한 상태로 언론사나 온라인 플랫폼을 이용하기도 하니, 모처럼 마음에 드는 글이 이미 남의 떡인 아쉬운 상황도 종종 발생한다.

지금은 운영되지 않지만, 『한겨레』의 과학 웹진 「사이언스온」에 1회가 게재된 연재물 때문에 과학 편집자 여럿이 한 자리에서 만나게 된 경우가 있었다. 결과적으로 그중 누구도 해당 원고를 책으로 내진 못했지만, 매력적인 글은 자연스럽게 편집자를 이끈다.

블로그나 트위터, 페이스북과 인스타그램 등의 소셜미디어나 독립 출판을 통해 활발히 소통하는 과학자나 과학도를 찾아보는 것도 신규 저자를 발굴하는 좋은 방법이 될 수 있다. 책의 형태가 꼭 텍스트일 필요는 없다. 소셜미디어를 통한 접근은 만화나 웹툰, 사진집이나 일러스트 에세이 등 과학책의 기존 스타일에서 벗어난 새로운 스타일의 저작을 찾아내는 데에 효과적이다.

모든 저자가 과학자일 필요도 없다. 소위 말하는 과학 '덕후'나 과학에 관심을 가진 일반인, 취미로 천체 사진을 찍거나 새를 관찰하는 사람들도 책의 성격에 따라 저자가 될 수 있는 시대가 왔다. 『김명호의 생물학 공방』의 저자 김명호 작가는 직업이 과학과는 무관한 일러스트레이터이며, 『과학자들』 시리즈를 펴낸 김재훈 작가 역시 미술을 전공한 일러스트레이터다.

저작이 한두 권 있어 신규 저자는 아니지만, 출간 시기가 맞지 않았거나 책의 물성에 아쉬운 부분이 있어 크게 주목받지 못한 경우를 찾아보는 것도 괜찮은 방법이다. 앞서 말했듯 2000년대 초반 과학 출판에 붐이 일면서 당시 젊은 학자들을 중심으로 2010년 이전까지 꽤 다양한 저작이 출간되었다. 당시 몇몇 유명 과학자와 해외 석학의 책들을 중심으로 과학 출판이 성장하면서 주목받지 못한 안타까운 수작이 꽤 존재한다.

과학 지식을 기본으로 한 책이나 글, 그림을 만들어 냈다는 것은 우선 대중과 과학으로 소통하고자 하는 의사가 있다는 것이다. 이는 저자에게 요구되는 가장 중요한 자질이다. 아무리 글을 잘 쓴다 하더라도 이야기하고 싶은 욕구가 없다면 책을 만들어 낼 수 없다. 신규 저자 발굴의 모든 전제는 그에게 글을 쓰려는 의욕이나 생각,

능력이 조금이나마 있어야 한다는 것이다.

2000년 초반에는 『하리하라의 생물학 카페』와 같이 블로그를 중심으로 과학책이 만들어졌다면, 2015년을 기점으로 팟캐스트와 페이스북을 바탕으로 한 새로운 과학책이 등장했다. 팟캐스트의 경우 다루는 영역이 과학사, 과학 일반, 과학 정책 등 다양하다. 2017년 출간된 『야밤의 공대생 만화』는 서울대 커뮤니티 게시물이 페이스북으로 무대를 넓히면서 책으로 나와 큰 성공을 거두었다.

2020년을 기점으로는 유튜브를 통해 새로운 저자가 등장하고 있다. 주로 생활 속 실험을 중심으로 한 과학 채널이나 관찰 기록을 담은 채널이 주목을 받고 있는데, 동명의 유튜브 채널을 책으로 만든 『1분 과학』은 출간된 이후 계속 베스트셀러 상위권을 유지하고 있다. 동영상을 만화로 만들어 유튜브 채널의 시각적인 특성을 유지한 것이 특징이다. 듣는 채널의 경우 책으로 만들 때 내용을 녹취 원고로 풀어서 편집하면 되지만, 유튜브나 강연 채널 등 시각적인 콘텐츠를 책으로 기획할 때에는 그 생동감을 어떻게 담아 낼지 고민이 많아진다. 동영상 플랫폼의 콘텐츠를 중심으로 과학책을 기획하고자 한다면 그런 부분까지 모두 고려해야 할 것이다.

기획을 중심으로 저자를 '모으는' 방법도 있다. 이슈가 되는 주제를 선정하고 그에 맞는 필진을 섭외해서 짧은 글 여러 편을 받아 책으로 묶는 형식이 주를 이룬다. 이를테면 4차 산업혁명이라든지 최근 코로나 사태를 주제로 기획된 책을 서점에서 쉽게 찾아볼 수 있다.

기획물은 대부분 시의성 있는 주제를 다루기 때문에 집필부터 출간까지의 속도가 관건이다. 이슈가 지나가고 나서 책이 출간되는 것은 큰 의미가 없기 때문이다. 비슷한 주제의 책들이 동시에 쏟아져 나올 확률이 높기 때문에 누가 먼저 책을 시장에 선보이는지가 중요하다.

하나의 주제를 정했다면 이를 다양한 각도에서 쓸 수 있는 전문가를 섭외해 원고를 작성할 세부 방향을 제시한다. 책에 따라 다르지만 열 명 내외의 저자가 원고지 60매 정도의 분량을 집필하기 때문에 저자 역시 책 한 권을 쓰는 것보다는 부담이 적다. 전체 필진을 모아 회의나 세미나를 여는 것이 책의 완성도를 높이는 데 좋겠지만, 시간 관계상 원고를 일괄 요청하고 수합해 책이 만들어지는 경우가 많다. 이때 다른 저자들을 독려해 주는 주요 저자가 있다면 큰 도움이 된다.

반대로 시의성 있는 주제로 개최되는 긴급 심포지

엄을 바탕으로 책을 만드는 방법도 있다. 기획물은 스테디하게 판매되기보다는 주목받는 베스트셀러로 시장을 '스쳐 가는' 편이다. 기획에서 집필, 출간까지 걸리는 시간이 짧을수록 유지되는 기간도 짧아진다.

입문서에 입문하기

지금부터는 과학 입문서를 기획하는 방법에 대해 이야기해 보려 한다. 과학 시장에서 가장 중요한 위치를 차지하는 것은 주요 과학 이론을 쉽게 이해하도록 돕는 입문서이다. 물리학 분야에서 출간 뒤 베스트셀러에 올랐다가 현재까지 꾸준히 판매고를 올리고 있는 『파인만의 여섯 가지 물리 이야기』, 『최무영의 물리학 강의』, 『모든 사람을 위한 빅뱅 우주론 강의』의 공통점은 무엇일까? 모두 물리학 입문서이자 저자의 실제 수업을 바탕으로 만들어졌다는 것이다.

　『파인만의 여섯 가지 물리 이야기』는 리처드 파인만이 캘리포니아 공과대학에서 가르쳤던 기초 물리학 강의를 세 권의 책으로 펴낸 『파인만의 물리학 강의』에서 가장 쉬운 여섯 가지 수업을 모은 것이다. 『최무영의 물리학 강의』는 서울대학교 물리천문학부 최무영 교수가 비전공 학생들에게 가르친 교양 수업을 원고로 만들어 책으로 엮은 것이고, 『모든 사람을 위한 빅뱅 우주론 강의』 역시 연세대학교 천문우주학과 이석영 교수가 수업 교재로 사용하기 위해 만든 책이다. 우리는 여기에서 '대학교 기초 교양 수업'이라는 키워드를 얻을 수 있다.

각 대학의 개설 강좌와 강의계획서는 일반인들도 열람할 수 있다. 전공 필수 과목보다는 비전공생 대상의 교양 과학 강좌들을 살펴보자. 일단 강의 목록을 훑어보면서 적당한 강의들을 모아 책의 상을 그려 보는 것도 좋고, 원하는 방향의 강의를 찾아보는 것도 좋다. 내 경우 일반물리학은 교양 과학서가 많은 반면, 생물학의 경우 교재는 다양했지만 그 전반을 다룬 일반생물학 입문서를 찾아보기 힘들다는 것에 주목했다. 일반적으로 물리학보다는 생물학이 접근하기 쉬운 편인데 왜 생물학 강의는 없는 걸까? 이런 의문으로 각 대학의 일반생물학 강의를 찾아보았다.

주요 대학들의 강의 내용을 살펴보니, 한 대학에서 같은 교재와 같은 커리큘럼으로 진행되더라도 세부 강의 내용은 교수마다 조금씩 달랐다. 대부분의 대학에서는 강의 평가가 좋은 교수에게 우수 강의상을 수여한다. 강의가 재미있다는 학생들의 평가가 뒤따르는 것은 물론이다. 그렇게 찾게 된 저자가 연세대학교 학부대학 소속으로 일반생물학을 가르치는 장수철 교수님이었다.

강의 평가가 아무리 좋다 해도 직접 들어 보지 않으면 알 수 없다. 장수철 교수의 수업을 찾은 뒤 청강을 신청하는 메일을 보냈고, 매주 그 수업을 (후배가) 청강했다. 학기가 끝나고 교수와 여러 차례 미팅을 하며 논의한 끝에 나온 책이 『아주 특별한 생물학 수업』과 『아주 명쾌한 진화론 수업』이다. '아주 ~ 수업' 시리즈는 강의 녹취록을 바탕으로 만들어졌다. 우리가 처음 생각했던 일반생물학 내용을 바탕으로 만들어진 책이 『아주 특별한 생물학 수업』이고, 일반생물학 중 사람들이 오해하기 쉬운 분야인 '진화'를 따로 떼어 내어 만든 책이 『아주 명쾌한 진화론 수업』이다.

나는 지구과학책이 시장에 거의 없다는 사실에도 주목했다. 지구과학을 다룬 수업을 찾아보기 시작했는데 생각보다 이 과목이 개설된 학교가 많지 않았다. 그중 서울대학교 지구환경과학부 최덕근 교수의 '지구의 이해'라는 수업이 커리큘럼이 좋고 수업 평가도 좋았다. 게다가 교재까지 직접 쓰셨기 때문에 수업 내용을 쉽게 검토할 수 있었다.

최덕근 교수님은 서울대학교 출판부에서 유일하게

증쇄를 찍어 내는 책『시간을 찾아서』의 저자이기도 했다. 이 강의 역시 (후배가) 청강하고, 학기가 끝난 뒤 찾아 뵙고 선생과 총 세 권의 책을 작업했다.『지구의 일생』이 처음 편집부가 기획한 의도대로 집필된 책이었는데, 세 번째 책으로 출간되었다. 선생은 지질학자로서 지질학과 지구과학에 있어서 가장 중요한 판 구조론에 대해 먼저 쓰고 싶어 하셨고, 그 뒤로는 판 구조론과 연계된 한반도 형성사에 관한 책을 쓰고 싶어 하셨다. 그래서 두 가지 내용을 한꺼번에 담은 원고가 먼저 나왔다. 이를 두 권으로 분리해『내가 사랑한 지구』,『10억 년 전으로의 시간 여행』으로 출간한 뒤에야 편집부에서 요청한 지구의 역사를 시간순으로 담은 책을 쓰실 수 있었다. 저자가 하고 싶은 이야기와 편집자가 하고 싶은 이야기가 다를 수 있다. 이럴 때는 저자가 생산한 원고를 기준으로 책을 만들 수밖에 없는데, 솔직히 말하면 선생이 하시려던 이야기를 담은 두 책이 훨씬 좋은 성과를 거두었다.

　국내 저자의 입문서를 만들고 싶다면 무에서 유를 창조하는 것도 좋겠지만, 이렇게 각 대학의 교양 수업을 활용해 책으로 만들 수도 있다. 우선 다양한 교양 강좌를 찾아보고, 그중 방향이 가장 적합한 강의를 청강한 뒤 해당 교수와 미팅을 하는 방법을 권한다. 강의를 직접 듣는 이유는 간단하다. 수업 내용을 내가 이해할 수 없다면 아무리 유명한 강의라고 해도 책으로 만드는 것이 무의미하기 때문이다. 또한 책을 써 본 적이 없는(혹은 적은) 예비 저자에게 담당 편집자가 당신의 강의를 와서 듣고 있다는 제스처는 꽤 깊은 인상을 남긴다(나만의 착각일 수도 있겠지만).

학계 내에서 책을 기획하는 것은 고전적인 방법이다. 완전히 새로운 저자를 찾아내는 것은 쉬운 일이 아니고, 입문서를 기획할 때에는 학문이 기본이 되기 때문에 학교를 중심으로 저자를 찾고 책을 기획하는 방법이 가장 안전하다. 입문서 외에 다양한 형태의 교양 과학책을 만들고자 한다면 이보다 넓은 풀에서 저자를 찾을 수 있다. 중·고등학교 동창 가운데서 과학고등학교나 자연과학대학에 진학한 친구를 찾아보는 것도 좋은 방법이 될 수 있다.

개인적으로는 수학을 전공하고 요리를 가르치는 블로거나 그림을 그리는 과학도, 박사과정의 이야기를 독립출판물로 만드는 작가, 일상적인 이야기를 과학으로 풀어 내거나 과학 이야기를 일상으로 풀어 내는 사람들에게 관심이 간다. 본격 과학 출판을 지향하는 것이 아니라면 이런 이야기를 담아 내는 접근을 통해 과학책을 기획해 보는 것도 좋다. 새롭고 재미있는 기획이 아직 발굴되지 않은 채 어딘가에서 숨 쉬고 있을 것이니 초심자의 시선으로 과학책에 접근해 보면 어떨까.

{ 6 }

과학책을 편집하는 방법

번역서

오랫동안 사람들의 서가를 채운 번역 과학서들. 새롭게 써 나가는 책보다 이미 존재하는 책을 선택했으니 책을 만드는 과정이 조금은 수월하지 않을까 생각하겠지만, 이제 새로운 고난이 여러분을 기다리고 있다.

계약 시 주의할 점

해외 도서를 계약하기로 했다면, 선인세는 어느 정도 선에서 결정해야 할까? 물론 책마다 다르겠지만 적정선은 어떻게 정해야 할지 궁금할 것이다. 통상 과학책의 선인세는 미화 3,000달러에서 시작되는데, 상한선은 몇 만

달러를 호가한다. 이전에는 1,500~2,000달러 정도면 계약할 수 있었던 것이 두 배 정도 오른 셈이다. 과학 출판을 하려는 출판사가 늘어나면서 판권 경쟁이 심해지자 선인세가 폭등했다. 어느 해인가 유명 과학 저자의 책 선인세가 무라카미 하루키 수준으로 올랐던 적이 있다. 책이 출간되었지만 판매는 전작보다 못했고, 아마도 계약 기간 내에 그 선인세를 메우기는 힘들 것이다.

나는 적정한 선인세란 1부를 판매할 때마다 1달러, 즉 선인세 3,000달러면 출간 6개월 내 3,000부 판매라는 생각으로 계약하는 편이다. 선인세가 전체적으로 오르면서 이 기준이 조금은 무너졌지만, 대체로는 이 정도 기준을 두고 판단하는 것이 오버페이스하지 않는 방법이라고 생각한다.

선인세가 1만 달러가 넘는 책은 생각보다 많은 기회비용을 만든다. 그 비용으로 국내 저자의 책을 만든다면 일러스트나 윤문, 감수 등 다양한 개발비로 활용할 수 있다. 비슷한 책의 경우 판매 추이가 어땠는지 살펴보고, 이 책이 시장에서 꼭 필요한 책인지, 어떤 스타일로 만들었을 때 판매에 효과적일지 신중하게 판단한다. 내가 몸담고 있는 출판사에서 해당 책이 나왔을 때 1만 부 상당의 판매를 기대할 수 있을지도 냉정하게 판단해 보자.

적정한 선인세로 계약을 따냈다면 계약서 작성이 남았다. 데이터 사용이나 그림 계약 등 추가로 포함해야 할 것은 일반 외서를 계약할 때와 크게 다르지 않지만, 몇 가지 알아 두면 좋은 사항이 있다. 첫 번째는 계약 기간이다. 과학책은 번역하는 데 생각보다 시일이 오래 걸리는 편이다. 외서를 계약할 때 번역자를 미리 섭외해 두는 것이 가장 좋겠지만, 오퍼 여부가 결정되지 않은 상황에서 번역자를 미리 결정하기란 쉽지 않다. 여러 후보를 두고 스케줄에 맞춰 번역자를 섭외하게 되는데, 번역자를 적기에 섭외해서 의뢰를 했다고 해도 대부분 번역이 지연되는 변수가 생긴다. 책이 전문적인 내용을 담고 있을수록 번역 기간은 더 길어진다. 계약 기간 내에 번역을 마치지 못하는 경우도 생각보다 많기 때문에, 계약할 때 과학 분야는 한국어로 번역하기 까다롭다는 특성을 강조하며 최소 6개월에서 1년 정도 계약 기간을 길게 조율해 볼 것을 제안한다.

두 번째는 저자 서문을 요청하는 것이다. 저자가 써 주지 않거나 책의 성격에 따라 필요가 없는 경우도 있지만, 정작 필요해서 요청하면 선인세 이외의 비용이 발생하거나 해외 출판사, 에이전트, 저자에 이르는 의사소통 라인 때문에 번거로운 경우가 많다. 만일에 대비해 계약할 때부터 저자의 한국어판 서문을 요청해 두는 것이 좋다. 한국어판 서문이 책에 악영향을 미치는 경우는 없다. 필요 없어지면 차후에 취소해도 되니, 되도록 해당 내용을 계약 사항에 포함하거나 이야기해 두는 것이 편하다. 번역이 끝나고 편집에 들어갈 때 저자 서문을 미리 요청하고, 서문에 들어갔으면 하는 내용을 간단히 언급해 에이전트에게 전달한다.

세 번째로는 저자 정보를 요청하는 것이다. 저자가 유명인일 경우 찾아볼 수 있는 정보가 많지만, 그렇지 않은 경우 저자의 정보를 따로 요청하면 인터뷰 자료나 간단한 소개 글을 보내 준다. 과학 저자들은 개인 웹페이지를 만들어 자신의 커리어를 소개하고 출간한 책의 내용과 기사 등을 홍보하는 경우가 많다. 원서를 검토할 때 홈페이지나 블로그 개설 여부를 알아보고 책을 만들 때 이를 활용하면 효과적이다.

번역 의뢰

계약서 작성이 끝났다면, 이제 본격적으로 번역자를 섭외해야 한다. 이미 기획 단계부터 이 책을 번역할 번역가를 고려했을 것이다. 가장 먼저 과학책을 번역하는 몇

몇 유명 전문 번역가의 이름이 떠오른다. 전문 과학의 영역을 꼼꼼하고 정확하면서도 유려한 문장으로 번역하는 분들과 함께 책을 만들 수 있다면 정말 좋을 것이다. 하지만 내가 떠올린 번역가들은 남들도 떠올렸을 것이고, 고심 끝에 연락해 보면 일정이 꽉 차 있는 경우가 많다.

책의 기획 단계에서 오퍼의 의지가 확실하다면 염두에 둔 번역가에게 미리 연락해 일정이 어떤지 문의해 두는 편이 좋다. 오랜 친분을 쌓고 있다고 해서 내 책을 먼저 번역해 줄 수는 없기 때문에, 좋은 텍스트라는 전제하에 번역을 의뢰하는 타이밍이 중요하다. 책의 성격에 따라 선정 기준이 달라지기도 한다. 학술서라면 학계에 몸담고 있는 학자를 중심으로 역자를 섭외하고, 판매를 기대하는 교양 과학서라면 해당 분야를 전문적으로 번역하는 과학 전문 번역가에게 의뢰한다. 과학 지식을 담고 있더라도 에세이 형식이거나 내용이 어렵지 않다면 일반 번역가를 섭외하기도 한다. 전문 번역가를 섭외하는 것 외에도 실전에서 활용할 수 있는 다양한 번역 방법을 소개해 본다.

공역

오래전에는 유명 학자인 교수가 번역했다는 책이, 사실 학생이 번역하고 교수 이름만 사용한 경우가 꽤 있었다고 한다. 최근에는 공동 번역이라는 이름으로 사전 논의를 통해 번역의 수준을 결정한다. 제자나 전문 번역가가 번역하고 학자가 검토하는 과정을 거치거나, 두 사람이 나눠서 번역하는 경우도 있다. 챕터를 나눠서 번역하는 경우 자신이 번역하지 않은 부분을 검수하는 과정을 거친다. 공동 번역이나 감수라고 해서 번역의 질을 의심하는 경우도 많겠지만, 제자를 공역으로 함께 이름을 올리는 학자들은 대체로 번역 전 논의 단계부터 번역 후 감수까지의 과정이 매우 꼼꼼했고 결과물도 만족스러웠다.

학자 본인의 번역 문장이 유려하지 못한 경우, 학자와 전문 번역가가 함께 번역하는 경우도 있다. 두 사람이 번역 초기부터 함께 시작하기도 하고, 초벌 번역이 끝났는데 개선될 여지가 없다면 전문 번역가를 다시 섭외하기도 한다. 이 경우 비용 문제가 발생하기 때문에 분량이 많은 책이 아니라면 권하고 싶지 않다.

소규모 학회에서 스터디에 사용하기 위해 구성원들이 고전을 나눠서 번역하는 경우도 종종 있다. 이 경우 대부분 정식 번역 작업이 처음이라 번역 톤이 일정하지 않고, 번역하는 사람에 따라 결과물의 편차가 크다. 하지만 여러 형편상 이런 형태의 책을 내야만 하는 경우가 발생한다. 이럴 땐 학회에 직접 참석해 편집 기준이나 용어의 통일 등 번역 전 논의 과정을 꼼꼼히 검토 및 기록하고, 적극적으로 관여하는 것이 좋다. 아무래도 편집자가 참석하면 학회 구성원들도 조금은 긴장해서 텍스트를 대하게 된다.

젊은 과학자

스티븐 호킹과 리처드 도킨스, 리처드 파인만의 책을 읽으며 과학자의 꿈을 꿨던 학생이 이제 과학자가 되는 시대에 이르렀다. 이렇게 성장한 젊은 과학자들은 글쓰기에도 관심이 많아 문장이 유려하고, 해외에서 학위를 받는 경우가 많기 때문에 영어에도 능통하다. 책을 내고자 하는 의지가 있는지라 그 선행 작업으로 번역을 경험해 보려는 생각도 어느 정도 가지고 있다. 적합한 젊은 과학자가 보인다면 번역을 의뢰해 봐도 좋다. 번역 의뢰전 기고문이나 칼럼을 찾아보거나, 소셜미디어에 올리는 글을 통해 간단한 국어 실력을 검증해 보자. 국어를 잘하는 사람이 번역을 잘한다는 것은 진리 아닌가.

그런데 젊은 과학자는 어디에서 찾아야 할까? 원서가 유명 석학의 책이라면 국내에서 활동하는 제자를 찾아보는 것이 가장 좋은 방법이다. 국내 여러 자연과학대학의 해당 학과 교수진을 찾아보고, 해당 주제를 연구하는 연구교수나 조교수 등의 리스트를 작성해 보는 것도 좋다. 과학책을 만든다면 과학계에 몸담고 있는 사람을 몇 명은 만나 보았을 것이다. 여러 만남에서 당사자에 대한 정보와 지식만 얻는 것이 아니라, 글을 쓰거나 번역할 수 있는 사람에 대한 다양한 정보를 요청하도록 하자. 과학자와 나누는 이야기는 국내 저자와의 미팅 방법을 소개하는 챕터에서 자세히 다룰 것이다.

감수

일반 번역가에게 번역을 의뢰하고 전문가의 감수를 받는 경우도 있다. 심리학이나 과학 에세이 등 쉽게 읽을 수 있는 책이라면 감수 없이 일반 번역가에게 번역을 의뢰하는 것도 괜찮다. 원고를 받았을 때 내용에 확신이 서지 않는다거나, 책을 빨리 내야 해서 전문 번역가 섭외가 어려울 때 감수를 의뢰하는 편이다.

감수를 의뢰할 때는 번역이 잘 됐는지 살펴봐 달라고 요청하는 것에 그쳐서는 안 되고, 어떤 사항을 중심으로 감수할 것인지 세세하게 전달하는 것이 좋다. 먼저 전체적으로 살펴봐야 할 점을 메일이나 문서로 정리해 논의하고, 번역 원고를 검수하며 오역이 의심되는 부분이나 정확하지 않은 듯한 용어 등을 교정지에 체크해서 보내야 한다. 감수자는 대부분 학자이기 때문에 본업에 매우 바쁘다. 문장과 단어를 하나하나 세심히 대조해 보는 경우는 드물다.

이 모든 과정에서 선행되어야 할 것은 편집자가 번역 원고를 받고 꼼꼼하게 살펴봐야 한다는 것이다. '감수를 보낼 거니까 괜찮아'라며 내용에 대한 검증을 자체적으로 하지 않는다면, 내가 보낸 상태 그대로 원고가 돌아올 수도 있다. 원고 내용 중 이해하기 어렵거나 의문이 드는 것을 질문하는 형태로 감수를 의뢰해야 감수자도 작업하기가 수월하고, 편집자도 만족스러운 결과물을 얻을 수 있다.

번역 원고를 다룰 때 주의할 점

번역을 마친 원고를 받았을 때 가장 먼저 무엇을 해야 할까. 먼저 독자의 시선으로 원고를 읽어 보길 권한다. 편집자의 읽기는 독자의 읽기와는 달라야 하지만, 과학책은 무엇보다 가독성이 중요하기 때문에 독자의 시선에서 원고를 보는 것이 중요하다. 다르게 표현하자면 '이 책의 문장이 이해되는가'를 판단해야 한다.

번역서를 편집할 때 가장 주의할 것은 용어의 번역이다. 생물학에서는 한동안 'genome'을 게놈, 지놈, 유전체 등으로 다양하게 번역했다. 국립국어원의 외래어 표기 규정과 실제 학자들이 사용하는 원 발음, 용어안이 통일되지 않아 일어나는 해프닝이었다. 지금은 유전체로 번역하고 있지만, 웹상에서는 게놈이라고 쓰인 것을 더 자주 볼 수 있다. 수학과 물리학 등에서 'factor'는 인자라고 번역되지만, 인수나 계수로 번역되는 경우도 있다. 같은 단어라고 해도 학문에 따라 다르게 번역되거나 의미가 전혀 다르게 사용되니 주의해야 한다.

현재 과학 용어는 대부분 협회 차원에서 표준 용어 권고안을 내놓고 있다. 사전이나 문서 형태로 제공하는데 한국물리학회, 대한수학회, 대한의사협회 의학용어위원회는 사이트에서 직접 용어를 검색할 수 있고, 한국생물과학협회, 대한화학회에서는 PDF 파일로 다운받아 사용할 수 있다.

모든 단어는 과학 용어로 사용될 때와 일반적인 뜻으로 번역되는 경우를 잘 구분해야 한다. '과학책이니까' 단어들을 무조건 전문 용어로 번역하거나, 과학적 의미로 사용될 것이라는 생각에 영한사전의 1번 뜻이 아닌 4~5번 뜻으로 번역하는 경우도 있다. 그렇기에 편집자는 번역된 모든 문장을 의심해야 한다. 모든 문장을 원서 대조한다면 좋겠지만, 현실적으로 불가능한 일이다. 번역 오류를 찾는 데는 원문 대조도 중요하지만, 한국어 문장의 오류를 찾는 편이 훨씬 수월하다. 문장이 제대로 이해되지 않거나 이상하다고 여겨지면 열에 아홉은 번역이 잘못된 것이다.

요즘은 책을 출간하기 전에 원 저작권사에서 번역 검수를 하는 경우가 많다. 와일리Wiley는 번역의 중요성을 인지해 한국어 편집자까지 두었을 정도다. 번역 검수는 일주일 정도 소요되니 계약 사항 중 번역 검수가 있다면 해당 기간을 고려해 편집 및 출간 일정을 조정해야 한다.

번역서를 편집할 때는 원서를 따르는 것을 원칙으로 한다. 장제목에 부제를 달거나 소제목을 조금 더 흥미롭게 바꿀 수는 있겠지만, 계약상 제한될 수도 있다. 그렇다고 너무 고지식할 필요는 없다. 다른 출판사의 편집 과정을 살펴보니 대부분의 과학책은 문단이 너무 길어 가독성이 떨어지기 때문에 하나의 문단을 두세 개 단위로 끊어 주고 있었다. 독자로서 긴 문단을 읽는 것보다 훨씬 읽기가 수월했다. 이처럼 원서에서 크게 벗어나지 않는 선에서 자신의 취향과 원칙을 정해 책 안에서 일관되게 지켜 나가는 것이 좋다.

의역과 직역, 어느 것을 선택해야 할까

JTBC에서 방영한 드라마 「런온」의 주인공 직업은 영화 번역가이다. 그래서 어느 부분을 두고 의역을 할지 직역을 할지 논의하는 장면이 자주 등장하는데, 번역서를 편집하면서 편집자도 자주 부딪히는 문제다. 직역과 의역 중 어느 것이 좋다고 단정 지을 수는 없다. 다만 직역의 경우 원문에 충실하다 보니 가독성이 떨어지는 경향이 있고, 의역의 경우 번역가의 능력에 따라 오역되거나 독자들의 항의를 받는 경우가 발생한다.

　수학 및 물리학 분야 번역가로 가장 손꼽히는 박병철 선생은 의역을 많이 하는 편이다. 원서를 대조하면 원서에 없는 문장이 종종 등장해 처음 번역 원고를 접했을 때 매우 놀랐던 기억이 있다. 박병철 선생님의 탁월함은 바로 이 의역에서 나온다. 과학책은 문장을 그대로 직역해 옮기면 과학 지식이 없는 독자들은 쉽게 이해할 수 없는 경우가 태반이다. 인터넷을 검색하거나 이해의 여러 단계를 거쳐야 하는데, 선생의 의역은 그 과정을 대신 글로 옮겨 채워 준다. 독자의 입장에서 이해를 돕는 매우 친절한 번역이다. 책을 쓰실 만큼 문장도 매우 유려해 과학책을 처음 읽는 독자라면 박병철 선생의 번역으로 된 책을 먼저 읽어 보라고 권하고 싶다.

다양한 과학책이 번역 출간되면서 과학책 시장은 풍요로워졌지만, 번역가 풀까지 함께 성장했는지는 의문이다. 새로운 번역가가 등장하고, 좀 더 많은 사람이 과학 번역에 도전해 과학 전문 번역가가 많아지기를 바라 본다.

{ 7 }

과학자와 이야기를 나누는 방법

미팅의 기술

우리가 알고 있는 과학자를 떠올려 보자. 멀게는 뉴턴부터, 아인슈타인, 파인만, 호킹까지 영감이 번뜩이는 천재의 모습을 하고 있다. 물리학자들이 주로 등장했던 미국 CBS TV 시트콤 「빅뱅 이론」을 보면, 실험물리학자인 레너드는 체크무늬 셔츠에 뿔테 안경을 쓴 온순한 모습이고, 이론물리학자 셸던은 천재이면서 신경질적이고 까다로운 모습이다. 과학 저자 중에는 이론물리학자가 많은데, 우리가 만나야 할 저자는 다 셸던 같은 모습일까? 왠지 과학 저자는 모두 '천재 과학자' 클리셰를 뽐낼 것만 같다.

　가까이는 tvN의 예능 프로그램 「알쓸신잡」에 나온

김상욱 교수의 모습을 떠올려 보자. 신경질적인 모습보다는 옆집 아저씨 같고, 친근해 보인다. 내가 만난 과학자 대부분은 평범한 이웃의 모습이었다. 전문적인 이야기를 나누는 순간 분위기가 바뀌지만, 정형화된 천재의 모습이 아닌, 오히려 겸손한 타입이 더 많았다. 미팅에서 저자가 까칠하지는 않을까 두려워할 필요는 없다.

그렇다면 과학 저자를 만나면 어떤 이야기를 나눠야 할까? 미팅 전 준비해야 할 사항이 있을까? 어떤 방법으로 연락을 취하는 것이 좋은지, 만나서 어떤 이야기를 나눌지 등 과학 저자와의 만남을 어떻게 준비해야 할지 알아보자.

어떤 미팅

10여 년 전 어느 대학의 교수 연구실을 방문한 적이 있다. 뵙고자 한 교수는 오랫동안 웹상에서 지켜본 분으로 그분이 작성한 글을 커뮤니티를 통해 접할 수 있었고, 대학에서도 명강의로 여러 차례 상을 받은 분이었다. 가끔 학회지에 수록되는 칼럼을 읽으면 무척 유쾌해져 꼭 저자로 모시고 싶었다. 해당 강의를 청강하고 싶었지만, 계단까지 자리가 꽉 차서 수강이 힘들 것 같다는 회신을 받았다. 몇 번 이메일을 주고받으면서 책을 쓰실 의향이 없다는 것을 알게 되었지만, 찾아뵙고 이야기를 나누는 것은 괜찮다는 허락을 받고 미팅 약속을 잡았다.

꽤 높은 언덕에 있던 단과대학으로 힘겹게 올랐던 기억이 생생하다. 교수와의 첫 만남은 정말 강렬했다. 글과 사진으로 꽤 오랫동안 접해 왔고, 메일도 주고받았으니 개인적으로 편한 미팅이 될 거라는 기대는 산산조각이 났다. 교수는 글에서 느꼈던 인상과는 매우 다르게 말씀이 없는 편이셨다. 게다가 한 시간 내내 눈을 마주치지 않고 커다란 모니터만 바라보고 계시는 것이 아닌가(낯을 매우 가리는 성격인 것 같았다).

게다가 연구실에는 대부분의 대학교수 연구실에 비치된 테이블과 의자가 없었다! 연구실 중앙에는 교수님의 커다란 책상이 있었고, 책상 위에는 역시 커다란 모니터 세 개가 자리 잡고 있어 문을 열었을 때 완벽한 가림막 역할을 했다. 책상 우측 벽을 따라 의자 몇 개가 놓여 있었다. 즉 교수는 자리에 앉아 모니터가 있는 정면을 바라보고, 연구실 방문객은 벽에 붙어 일렬로 배치된 의자에 앉아 교수의 측면을 바라보는 구조였다.

이야기를 나눈다기보다는 벽을 바라보고 일방적으로 말을 할 수밖에 없었는데 한 시간이 어떻게 지나갔는지 모르겠다. 나는 이렇게 실패하고 마는 것인가. 이런 생각이 머릿속을 지배해, 수없이 새로운 주제를 꺼내며 떠들어 댔다. 실패의 예감 속에서도 열심히 이야기를 한 덕분인지 미팅이 거의 끝나 가는 순간, 쭉 모니터를 응시하시던 교수가 자세를 고쳐 잡고 나를 보며 말씀하시기 시작했다. 그 순간의 기쁨이란!

과학자는 어떻게 만날까

아무래도 유명 저자와의 만남을 이어 가려면 편집자 개인보다는 회사 단위의 움직임이 필요하다. 편집자가 큰 성의를 보여도 계약까지 이르기란 쉽지 않다. 편집자 개인으로서 적극적으로 저자와 교류하고 싶다면 저작이 없는 신규 저자를 염두에 두어야 한다.

과학자인 저자를 만나려면 어떻게 해야 할까? 가장 먼저 선행되어야 할 것은 저자의 정보를 탐색하는 것이다. 어떤 연구를 하고 있는지, 책이나 기고 등이 있는지 살펴보고 해당 분야의 전반적인 내용을 공부해 두자. 전문가 앞에서 내 지식을 뽐낼 것은 아니기 때문에, 상식 수준에서 예비 저자의 전공 분야에 대한 이해를 가지고 있으면 된다.

저자에 대한 공부가 어느 정도 끝났다면, 어떤 책을 쓸 수 있을지 고민해 봐야 할 것이다. 참고가 될 만한 유사 도서를 찾아보거나, 해외에 유사한 사례가 있는지 찾아본다. 저자가 어디에서 공부했는지, 해외에서 공부했다면 그 대학에는 어떤 석학이 있는지 살펴보는 것도 좋다. 혹시 유명 석학의 제자일 수도 있고, 같은 연구실이 아니더라도 학문적으로 교류가 있을 수 있다. 이는 좋은 대화거리가 된다. 전작이 있는 경우 장단점을 분석해 보는데, 실패한 이유를 직접적으로 말하기보다는 '아쉬운 부분'으로 에둘러 표현하자. 나라면 그 책을 어떤 스타일로 만들었을지 생각해 보는 것도 좋다.

연락을 취하는 가장 효과적인 방법은 이메일이다. 연구 작업은 대부분 컴퓨터로 이루어지기 때문에 메일이 오가는 것이 생각보다 빠르다. 인사말 때문에 메일 쓰는 것을 어렵게 여기는 사람이라면 안심해도 좋다. 과학자들은 편집자들이 보내는 메일의 인사말, 안부, 마무리 인사 등의 미사여구가 경제적이지 못하다고 생각하는 경향이 있기 때문이다. 쓸데없이 길게 이야기를 늘어놓기보다는 핵심이 담긴 짧은 메일을 보내자.

메일을 보낼 때에는 '만나고 싶다'는 목적을 분명하게 밝히는 것이 좋다. 물리학 책을 만드는 편집자는 본인이 상대성 이론을 뒤집는 독창적인 이론을 만들었고, 이 이론에 대해 저자와 이야기를 나누고 싶다는 메일을 가끔 받는다. 이런 메일은 정중하게 거절하는 편인데, 매우 유명한 물리학자 저자가 이분을 직접 만났다는 이야기를 들은 적이 있다! 대학 홈페이지에 기재된 메일 주소로 자신의 이론을 메일로 소개하고 미팅을 잡은 것이다. 과학자들의 경우 예상 외로 자신을 만나고 싶어 하는 사람들과의 면담을 거절하지 않는다. 앞서 말한 내용의 메일을 받으면 분야를 막론하고 대부분의 저자가 메일 작성자를 실제로 만나 이야기를 나눴다고 한다. 그러니 미팅을 제안하는 데 있어 주저하지 말길 바란다. 일정이 맞지 않아 만남을 거절하는 경우 자연스럽게 메일로 교류할 수 있도록 다음을 기약하자.

책을 쓴 과학자의 경우 과학관이나 도서관을 중심으로 대중 강연을 많이 하는 편이다. 매년 아태이론물리센터APCTP에서 선정하는 '올해의 과학 도서'의 경우 대중 강연을 필수로 해야 하기 때문이 이런 자리를 통해 저자와 교류할 수도 있다. 각 지역에 위치한 과학관이나 자연사박물관의 대중 강연 프로그램을 통해 저자의 강연을 들어 보고 인사하는 자리를 만드는 것도 효과적이다. 강연 후에 책에 사인을 받으면서 간단한 인사를 나누거나, 인사를 할 틈이 없었다면 메일로 연락을 취할 때 해당 강연에 참석했다는 것을 알리는 것도 좋은 인상을 남기는 방법이다.

미팅 전 준비하면 좋을 것들

미팅을 확정했다고 해서 모두 책을 계약할 수 있는 것은 아니다. 만남을 거절하지 않는다는 것은 달리 말해 미팅에서 별 소득을 거두지 못할 확률이 높다는 의미다. '혹할 만한' 기획서를 동반하지 않는 이상, 연구와 수업으로 바쁜 과학자와의 만남이 좋은 성과로 이어지기란 매우 어려운 일이다.

　유명 저자와 만나 책에 관한 이야기를 나누고 싶겠지만, 저자가 유명한 경우 앞서 이야기했듯 대부분 편집자 개인보다는 회사 단위로 움직인다. 하지만 미팅은 대표와 편집장을 동반하더라도 연락하는 것은 편집자 개인이다. 저자가 대표와 대부분의 이야기를 나누더라도 교류해 온 것은 '나'이기 때문에 디테일한 대화가 가능하다. 사전 정보를 많이 습득해 놓을수록 미팅에서 소외당하지 않을 확률이 높다.

　과학적인 대화를 나누기가 불가능하다면 그간 수

집한 정보를 바탕으로 저자에게 궁금한 질문 리스트를 꾸려 보는 것도 좋겠다. 왜 이런 전공을 선택하게 되었는지, 유학을 했다면 해당 대학을 선택한 이유는 무엇인지 등 여러 질문이 오가면서 책이 될 만한 아이디어가 떠오르기도 한다. 질문에 이어 자연스럽게 일상적인 주제로 대화하면서 학문 외 저자의 관심 영역이 무엇인지 파악하는 것도 방법이다. 그러한 관심 영역을 책으로 엮어 보는 기획도 시도할 수 있을 것이다. 상대가 미식가라면 음식과 과학을 엮을 수 있고, 애견인이라면 반려동물의 행동에서 파생되는 감정적 교류를 과학적으로 풀어 내는 에세이를 제안할 수 있을 것이다.

가장 좋은 방법은 자신의 정직한 '리액션'을 활용하는 것이다. 모든 대화에 억지로 흥미를 보이기보다 내게 재미있는 이야기를 바탕으로 대화를 끌고 가 보자. 내게 재미가 없는 주제 이야기를 저자가 길게 이어 간다면 "왜 그렇게 눈을 반짝이며 이야기하고 계신 건가요?"라고, 나한테는 이 재미없는 주제가 왜 당신에게는 재미가 있는 거냐고 물어 보는 것도 좋다. 서로의 재미를 인정하게 되는 순간부터 교감이 시작되고, 그 교감을 바탕으로 책을 만들어 나갈 수 있으니까.

미팅에서 얻을 수 있는 것들

저자와의 미팅에서는 생각보다 많은 정보를 얻을 수 있다. 우리가 잘 모르는 학문의 전문가이니 이해가 어려웠던 개념이나 평소 궁금했던 과학 이슈 등을 전문가에게 직접 물어볼 수 있다. 미팅에서 궁금한 개념을 잘 설명해 주는지 여부는 매우 중요하다. 책을 쓰는 방식 또한 이와 다르지 않기 때문이다. 설명해 주는 과학 개념을 일반인인 내가 쉽게 이해하지 못한다면, 저자로서 염두에 두기 조금 곤란할 것이다. 반대로 쉽고 명확하게 설명해 준다면 잠재적인 저자 리스트 상위에 올려 둘 수 있으니, 모르는 것을 질문하는 일은 매우 효과적인 미팅의 기술이다.

또한 학문의 최전선에 있는 이로부터 최신 유행이나 학문의 동향을 '직접' 들을 수도 있다. 학계의 이슈나 주목받는 해외 과학자의 이름을 듣고, 관련 저작을 알아보아 외서를 기획할 수도 있다. 본인이 책을 쓸 의사가 없다고 하더라도 집필에 관심이 있거나 번역을 할 만한 주변 사람을 추천받을 수도 있다. 실제로 젊은 과학자가 번역하는 책의 경우 이런 이야기를 거쳐 번역을 의뢰하게 되는 경우가 많다. 책을 쓰는 것도 마찬가지다.

미팅에서 계약까지

미팅을 통해 서로 책을 만들고/쓰고 싶다는 의사를 확인했다 하더라도 넘어야 할 산은 꽤 많이 남아 있다. 편집자가 원하는 책을 써 주는 저자는 거의 없기 때문이다. 대체로 저자 본인이 쓰고 싶은 책과 편집자인 내가 만들고 싶은 책은 다르다. 저자의 경우 자신의 연구와 관련된 디테일한 분야를 쓰고 싶어 하지만, 편집자는 그보다는 전반적인 내용을 다루는 책을 써 주기를 바란다.

지구의 역사를 다룬 책을 만들기 위해 만났던 최덕근 교수의 경우, 지질학 중 고생물학을 전공하셨고 주요 연구 분야는 삼엽충이었다. 선생은 판 구조론이 지구과학의 핵심 이론임에도 이를 설명하는 책이 없다는 이유로 지구의 역사를 다룬 책보다는 판 구조론을 담은 책을 쓰고 싶어 하셨다.

결과적으로 판 구조론 책과 지구의 역사를 다룬 책 모두를 쓰셨지만, 첫 계약은 역시 판 구조론을 담은 『내가 사랑한 지구』라는 책이었다(이 책을 계약하게 된 것은 선생의 집필 의지를 꺾을 수 없었다기보다는, 편집자인 내가 선생이 말씀하시는 지질학의 역사에 매료되었기 때문이다). 이렇듯 분명한 목적과 정확한 기획안을 가지고 있어도 미팅을 거치면서 서로가 설득하고 설득 당하는 과정을 거쳐 전혀 예상치 못했던 책이 만들어지기도 한다.

스트레이트한 서술로 이뤄진 책을 기획했지만, 미팅을 통해 생각지 못한 방향의 책이 기획되기도 한다. 국내서 기획을 다룬 부분에서 소개했던 『아주 특별한 생물학 수업』의 경우 저자가 장수철 교수 외에 한 명 더 존재한다. 청강을 마치고 본격적인 책을 만들기 위해 연구실을 방문했을 때 예상치 못한 손님이 찾아왔다.

우리가 연락을 주고받았던 장수철 교수는 글쓰기를 두려워하는 전형적인 이공계 저자의 표본과도 같았다. 책을 쓰고 싶은 마음은 강했지만, 본인의 글쓰기 현실을 잘 알고 있었기에 가까이 지내던 국어학자이자 『글쓰기의 전략』의 공동 저자인 이재성 교수를 미팅에 초대한 것이다. '나 혼자서는 책을 쓸 수 없으니, 이재성 교수와 함께 뭐가 되었든 책을 써 보고 싶다, 생물학 강의를 이재성 교수와 하는 것이 어떻겠느냐'는 제안이었다. 글쓰기는 이재성 교수가 전문가이니 자신은 과학을 담당하고 글쓰기는 이 교수가 담당하면 되지 않겠느냐라는 이야기에 모두가 잠시 침묵하는 상황이 이어졌다.

두 분과 이야기를 나누면서 가만히 살펴보니 대화

의 리듬이랄지, 서로의 말을 받아 주는 유쾌한 포인트 같은 것들이 좋았다. 이런 부분을 살려 보는 것이 어떨까 싶었고, 개인적으로는 두 분의 아저씨 개그가 꽤 맘에 들었다. 그래서 일반 수업보다 일대일 과외 형식으로 아저씨가 아저씨에게 이야기하는 콘셉트의 책을 구상했다. 실제 수업이 이뤄지면서 국어학자인 이재성 선생님이 매우 중요한 역할을 담당하게 되었다. 처음 계획했던 책과는 서술 형태가 전혀 달랐지만, 결과적으로 전 연령이 고르게 읽을 수 있는 꽤 괜찮은 생물학 입문서가 되었다.

과학자와 만나는 특급 비밀이 있는 것처럼 이야기를 시작했지만, 과학자와의 미팅 역시 다른 분야의 저자를 만날 때와 크게 다르지 않다. 저자는 천재 과학자의 면모를 뽐낼 것 같고, 대화가 부드럽게 흘러갈 것 같지 않겠지만, 일반인의 눈높이에서 자연스럽게 의견이 오가는 미팅이 이뤄진다. 다만 편집자는 학문에 대한 이해도가 낮을 수밖에 없기 때문에 적재적소에 질문을 던지는 것이 중요하다. 그가 이에 답하는 과정을 지켜보면서 책을 쓰는 예비 저술 과정을 미리 훔쳐볼 수 있으니까.

{ 8 }

어떻게 만들 것인가

편집 과정

과학책의 편집자는 책을 쓰는 저자의 동반자라기보다는 책을 읽는 독자의 안내자에 가깝다. 저자가 펼치는 과학이라는 세계를 잘 따라갈 수 있도록 길이 잘 닦여 있는지 독자의 시선에서 끊임없이 점검해야 하기 때문이다. 그리하여 과학책의 편집 과정은 저자보다는 독자를 위한 작업이 대부분을 차지한다.

편집자는 원고를 대할 때 독서를 해서는 안 된다고들 한다. 독자의 시선으로 읽으면 객관적인 시선으로 텍스트를 분석할 수 없기 때문인데, 과학책을 편집하려면 이와는 반대로 독자의 시선이 어느 정도 필요하다. 과학책 편집에서 가장 중요한 것은 가독성이다. 편집 과정은

'저자의 글을 어떻게 이해하기 쉽게 만들어가는가'의 연속이다.

과학책을 편집할 때 주의할 점

내가 이해할 수 없다면 저자 외에는 아무도 이해할 수 없다는 것을 명심하고, 한 줄 한 줄 이해되지 않는 문장에 의심을 가져야 한다. 너무 추상적인 개념이라면 일반화된 예가 필요하고, 지나치게 세밀한 부분은 일반적인 언어로 풀어 낸다. 이해할 수 없는 복잡한 수식과 그래프를 과감히 생략해야 하는 상황이 발생하기도 한다. 이는 저자와 협의를 해야 하는 부분인데, 필요한 걸 덧붙이고 필요 없는 걸 삭제하는 일은 생각보다 험난한 과정이다. 저자 입장에서는 필요해서 넣었고, 필요 없어서 생략했기 때문이다.

　　과학책을 편집하는 데 빠질 수 없는 것이 수식이다. 수식 때문에 독자들이 과학책을 멀리하기도 하지만, 편집자들 역시 수식 때문에 과학책을 편집하기 어렵다고 생각한다. 책에 수식이 등장하면 어떻게 해야 할까? 물론 등장하는 수식을 직접 풀어보고 확인하는 것이 가장 좋은 방법이다. 하지만 수학책은 풀 수 있는 경우가 꽤 되지만, 물리학책은 전공자여도 수식 기호나 사용하는 문자조차 생소한 경우가 허다하다.

　내가 다녔던 첫 회사에서는 대표님이 수식을 직접 풀어 보는 검수 과정을 거쳤지만, 출간하는 책 대부분이 번역서였다. 수식이 많은 '번역서'를 출간해야 한다면 담당 편집자가 고등 수학을 사용한 수식을 직접 풀어 보지 않더라도 원문 대조를 통해 수식을 점검할 수 있다. 만약 국내서라면 저자 교정 외에 수식 검수를 위한 저자 교정을 따로 추가하는 것을 추천한다. 편집 과정 중 알 수 없는 오류가 발생하는 경우가 많으므로 매 교 수식을 점검하는 것이 좋다.

　과학책을 편집하는 데는 과학책을 많이 읽는 것이 도움이 된다. 사용하는 용어나 문장이 일반 책과는 다르기 때문이다. 과학책에서 용어를 어떻게 쓰느냐 하는 문제는 매우 중요하나, 정해진 가이드가 없는 형편이다. 표준안이라고 제시되는 모든 용어는 각 학회에서 발표한 권고안일 뿐 정식으로 통일되거나 사용하기로 결정된 것이 아니다. 책을 편집할 때에는 과학 교과서 개정안을 중심으로 용어를 고쳐 나가는 것을 우선으로 하고, 나머지는 학회의 용어 권고안을 참조한다. 그리고 보다 많이 사용되는 용어를 채택하는 것이 좋으므로, 유사 도서나 경쟁 도서를 많이 읽어 두는 것이 좋다.

그렇다면 어떤 책을 읽어야 할까. 비교적 번역이 좋다고 언급되는 책이나 국내 저자의 책을 읽어 보기를 권한다. 개인적으로는 젊은 연구자가 쓰거나 번역한 책을 빼놓지 않고 참고한다. 아무래도 현장의 연구자이기에 실제 사용하는 언어를 구사하고, 오래된 일본식 표기나 관성적으로 이어져 온 잘못된 용어를 지양하는 경향이 있기 때문이다. 가장 좋은 방법은 외서를 번역할 때는 전문 번역가를 섭외하는 것이고, 국내서는 전문가가 집필하지 않은 경우 감수를 받는 것이다. 감수를 의뢰할 때에는 전체 원고를 보내지만, 번역 감수를 의뢰할 때와 마찬가지로 특별히 표기가 불확실한 경우나 확인받아야 할 부분을 정리해서 첨부하는 것이 좋다. 감수자 역시 짧은 시간 안에 모든 것을 놓치지 않기란 힘드니까.

과학책은 다른 분야보다 편집자의 적극적인 교열이 행해지는 경우가 많다. 과도한 교열로 삼단논법의 문장을 두 문장으로 줄이는 경우도 본 적이 있다. 교열은 독자의 이해를 돕기 위한 것이지, 저자를 가르치기 위한 것이 아니다. 너무 많이 고쳐서 저자의 의도와는 다르게 잘못된 내용을 책에 담는 것보다는 매끄럽지 않은 문장을 유지하는 편이 낫다는 것을 명심해야 한다.

집필 과정에서의 개입

과학 저자들은 글쓰기에 조심스러운 편이기 때문에 자신의 글쓰기에 확신을 못 가진 경우나, 첫 저작이라면 자주 연락하면서 원고를 점검하는 것이 좋다. 집필 과정에 함께 하고 있다는 인상을 주는 것이 중요하다.

저자가 쓴 원고를 수급하는 것 외에도 책의 원고를 만드는 방법은 여러 가지가 있다. 가장 대표적으로는 강의를 녹취해 원고로 만드는 것이다. 다만 녹취 원고를 책으로 만드는 과정이 생각보다 쉽지는 않다. 우리는 완성된 문장으로 말하지 않을뿐더러, 내뱉는 말이 엄정한 논리에 따르지도 않기 때문이다. 또한 문장이 경제적이지 않아 원고의 절반 가량은 사용할 수 없다. 특히 강의를 할 때는 전문가라고 해도 수치나 연도 등을 잘못 이야기하는 경우가 많기 때문에 녹취 원고에서 숫자나 지명 등이 나오면 무조건 사실 여부를 확인해야 한다.

강의 녹취 외에도 구두 서술 방법도 있다. 이 역시 강의를 녹취하는 것과 비슷한 과정을 거치지만, 저자가 책을 쓰는 목적으로 말하는 것이어서 강의 녹취보다는 버리는 부분이 적다. 강의는 잘하시지만 글쓰기에 자신 없어 하는 분과 이 방법으로 책을 만들어 보았는데, 생각보다 괜찮은 방식이었다. 원고를 쓰는 것보다 시간이 절약된다는 장점도 있다. 책을 쓸 시간이 없거나, 말하기는 자신 있으나 글쓰기에 자신이 없는 저자와 일할 때는 이 방법을 적극 추천하고 싶다. 물론 같은 형식으로 샘플 원고를 먼저 작성해 이 방법이 효과적인지 검증해봐야 한다.

학술서를 만들 때 주의해야 할 것은 학술서는 대부분 공동 집필 형식이며, 원고가 논문으로 이루어진다는 것이다. 같은 학계여도 논문 작성 스타일이 다른 경우가 많으니 집필 전 단계나 원고 수합 전 스타일을 통일해 두자. 특히 참고문헌은 전체 표기 통일안을 미리 고지해야 편집 과정에서 수고를 덜 수 있다. 편집에 들어갔을 때 용어가 제각각인 경우도 있으니, 이를 정리해서 통일하는 과정도 중요하다. 편집자 개인이 각각의 저자와 교류하는 것보다 학술서 출간을 제안한 저자를 중심으로 편집 방향을 공동 저자들과 공유하는 것이 효율적이다.

편집 과정에서 주의할 점

책을 쓸 때도 만들 때도 가장 중요한 것은 차례다. 차례는 책의 뼈대를 이루고, 과학책의 차례는 이론의 흐름과 방향을 같이한다. 책을 만들 때 참고 도서나 유사 도서, 같은 주제를 다루고 있는 해외서의 차례를 살펴보면 큰 도움이 된다.

수학책이나 물리학책은 아무래도 수식이 들어가는 경우가 많고, 그림이 있다 하더라도 대부분 과학적인 내용을 설명하는 그림이라 복잡하거나 미적으로 보기 좋지 않다. 책의 내용을 이해하는 데 도움을 주거나 책을 보기 좋게 만드는 요소를 '개발 요소'라고 부른다. 과학책에서는 이해를 돕기 위해 간단하게 그려 넣는 그림, 수식 등을 쉬워 보이도록 손글씨로 넣는 것, 주요 개념을 설명하기 위해 박스를 만들어 설명글을 붙이는 것, 용어를 설명하기 위해 페이지 하단에 각주를 넣는 것 등이 여기에 포함된다. 개발 요소는 비용과 시간을 필요로 하기 때문에 편집 초기 단계에서 고려해 결정한다.

수학책이나 수식이 많은 책의 본문 조판은 수학책을 내 본 적 있는 곳에서 작업하는 게 좋다. 수식 입력 프로그램이 있다면 간단하게 작성될 식들을 하나하나 그려야 하거나, 등호나 수학 기호의 기본 모양을 찾지 못해 그려야 하는 경우가 발생하는데 이는 편집 과정에서 많은 시간을 낭비하게 만드는 주범이다. 수학책에서 집합은 볼드로, 수식에서 문자는 일반적으로 이탤릭체로 처리해야 하는데, 이에 매몰되어 수식 검수를 소홀하게 하는 것보다는 이탤릭 처리 없이 수식이 정확한지 여러 차례 검수하는 편이 낫다.

내용 이해를 돕기 위해 그림을 어떻게 넣을 것인가 고민하기도 하지만, 아이러니하게도 어떤 그림이나 그래프, 표를 빼야 할지 고민하는 경우도 많다. 문장 서술의 근거가 되기 때문에 저자는 표와 수식, 그래프와 그림 등을 많이 넣곤 한다. 하지만 대부분은 시각적으로 아름답지 않고, 일반 독자가 알아야 할 필요도 없다(이런 그림이나 그래프 등은 독자들에게 해독 자체가 되지 않는다).

각주나 미주, 후주는 과학책에서 빼놓을 수 없는 요소이다. 편집자 경력 초기에는 각주가 달리면 책이 어려워 보인다는 이야기가 많아 되도록 주석을 미주나 후주 형태로 달았었다. 하지만 최근에는 주석을 각주 형태로 달아 바로바로 설명해 주는 것이 책을 이해하는 데 효과적이라는 의견이 지배적이다. 다만 각주가 대부분 출처 표기로 이루어져 있다면 이를 따로 빼 후주 형태로 처리하는 것이 좋겠다.

참고문헌과 찾아보기는 책의 부속이라고 이야기하지만, 없어서는 안 될 중요한 요소이다. 특히 참고문헌의 경우 여러 차례 언급했던 바와 같이 책의 기획 단계에서도 많이 활용된다. 찾아보기는 용어를 통일하거나 표기를 통일할 때 효과적인 장치이므로 꼼꼼하게 만드는 것이 좋다. 번역서의 경우 인덱스를 일괄 번역해 만드는 경우가 많은데, 국내외서를 막론하고 찾아보기는 수기로 만드는 게 가장 좋다고 생각한다. 내용이 대부분 파악된 3교에서 교정지를 보면서 색인어를 형광펜으로 표시해 만든다. 직접 만든 색인어를 최종 교정지에서 검색하면서 책의 용어를 통일하고 정리할 수 있기 때문에 찾아보기를 기계적으로 만드는 것에 회의적인 편이다.

어느 해인가 한 선배가 두꺼운 학술서를 만들면서 출간 일정에 쫓겨 미처 찾아보기를 만들지 못하고 책을 낸 적이 있었다. 어차피 학계의 몇몇 전문가만이 볼 책이니 찾아보기가 없어도 큰 영향이 없으리라 생각했는데, 그 책이 큰 상을 받게 되면서 심사평에서 심사위원들이 이 책의 유일한 단점으로 '찾아보기가 없는 것'을 지적했다. 부랴부랴 찾아보기를 만들어 재쇄 때 넣었는데 지금 생각해도 아찔한 기억이 아닐 수 없다.

계약서 작성 시 주의사항

해외서를 계약할 때와 마찬가지로 국내물을 계약할 때 역시 계약 기간이 중요하다. 국내서는 편집자의 적극적인 교열을 통해 책이 만들어지기 때문에 책으로 만든 결과물이 오롯이 저자의 것이라고 보기는 힘들다. 공들여 책을 만들었는데 5년의 계약 기간이 지나 다른 출판사에서 내가 만든 원고가 책으로 나온다면 많은 아쉬움이 들 것이다. 손익을 잘 따져 보고 편집권이 침해당하지 않는 방향에서 계약 기간을 조율하는 것이 필요하다.

저자가 원고를 녹취 형태로 작성하는 경우 녹취 비용 문제를 어떻게 할 것인지 여부도 계약 사항에 포함해야 한다. 글로 쓴다면 발생하지 않을 비용이 소요되는 것이기 때문이다. 저작권료가 필요한 사진이 많이 들어가거나 일러스트 등 개발비가 평균 이상으로 많이 투입된다면 이를 예상해 인세를 조정하거나 비용에 대한 책임을 나누는 것도 고려할 수 있다.

{ 9 }

편집 외의 것들

디자인, 홍보, 마케팅

.

책의 인상을 좌우하는 것

과학책 편집자는 책을 만들 때 저자의 글을 독자에게 이해시키기 위해 분투해야 할 뿐 아니라, 편집 외적인 부분에서도 많은 사람에게 책의 내용을 이해시키거나 설득시켜야 한다. 대표와 편집장, 사수, 디자이너, 마케터, 기자, 서점MD 등에게 담당한 책을 간단히 정의해 알려줄 수 있어야 한다.

그렇다면 책의 인상을 좌우하는 것은 무엇일까. 저자나 제목도 있겠지만 독자에게 일차적으로 보이는 것은 책의 표지다. 소설책의 표지에 감각적인 일러스트를 사용하는 것이 지금은 너무 당연하지만, 1990년대에만 해도 추상적인 그림이나 명화를 제외하면 일러스트를 표지에 사용하는 것은 지양되었다. 과학책의 표지를 의뢰하면 편집자나 디자이너는 '과학책다운' 표지를 만들기 위해 고심한다.

과학책다운 표지란 무엇일까? 실험 도구가 등장하거나 숫자나 수식, 그래프와 영문이 요소로 들어가는 것을 떠올리는 것이 대부분이다. 과학책 서가는 무채색이 주를 이루는 것처럼 표지에는 대부분 검은색을 주로 사용하고, 강렬함을 주기 위해 붉은색이 들어가는 경우가 많다. 하지만 과학책이라고 해서 꼭 과학책다운 표지를 만들어야 할까?

"쿼크를 이미지로 표현해 주세요." 직관적으로 알 수 없는 단어와 내용을 어떻게 표현해야 할지 고민하는 편집자와 디자이너가 많을 것이다. 쿼크를 이미지로 표현한다고 해서 입자의 표준 모형을 그린다거나 쿼크의 모양을 그대로 그려 넣을 필요는 없다. 본문은 정확한 그림과 표현을 담아야 하지만, 표지는 함축적인 의미를 전달하면 되기 때문이다. 이런 방향에서 디자이너와 논의가 잘 이루어지면 만족할 만한 표지가 나온다. 함축적으로 내용을 전달할 수 없다면 평면적인 디자인의 표지가 될 가능성이 높다.

　과학책의 제목은 어떻게 정해야 할까. 주요 이론을 전면에 내세우는 것이 2000년대 초반의 경향이었다면, 추상적이거나 감각적인 제목을 달고 이론은 부제에서 언급하는 경우가 2020년대의 경향인 것 같다. 이론이나 분야명을 넣을 수밖에 없는 이유는 책의 성격을 명확하게 정의하기 위해서도 있지만, 검색어에 노출시키기 위해서이기도 하다.

　『엘러건트 유니버스』가 나왔을 당시 엘러건트라는 표현이 도마 위에 올랐다. 굳이 엘러건트를 한글로 써야 하는 것이냐는 논란이었는데, 출판사에서는 저자가 사용한 '엘러건트'elegant에 담긴 의미가 '우아한'이라는 단어로 한정될 수 없기 때문에 엘러건트라는 발음 그대로 썼다고 한다. '엘러건트 우주'라고 할 수는 없는 노릇이니 책의 제목이 '엘러건트 유니버스'가 된 것이다. 이런 경향이 유행이 되어 영어를 제목에 그대로 쓰는 책이 이후 많이 등장했다. 2018년 출간된 이정모 관장님의 책 『저도 과학은 어렵습니다만』의 출간 이후 에세이에서나 등장할 법한 감각적인 제목의 과학책도 하나둘 선보이고 있다.

　제목이나 표지에서 과학책이라는 정체성을 지나치

게 좁게 해석하고 한정 짓기보다는, 책을 어떤 방법으로 표현하는 것이 효과적일지 판단해 보자. 소설책의 표지를 한 과학책을 매대에서 발견하게 된다면 좀 더 눈길이 가지 않을까?

어떻게 알려야 할까

표지와 제목이 책의 첫인상을 좌우한다면 표지 문안은 책을 선택하는 데 직접적인 영향을 미친다. 개인적으로 표지에 정보가 많은 책을 좋아하는데, 표4에 본문 발췌 글이 담긴 책의 경우 새로운 정보를 접할 기회를 빼앗긴 것 같아 조금 실망스럽게 느껴진다. 나의 경우 2010년부터는 책의 날개를 넓게 만들어 앞날개에는 책 정보를 자세히 담고, 뒷날개에는 저자가 머리말 외 독자들에게 하고 싶은 말을 담았다. 번역서의 경우 저자의 인터뷰를 재구성한 이야기와 최초 독자로서 역자의 소감을 넣었다.

독자들이 이를 아는지 모르는지 잘 모르겠지만, 표지 문안을 쓰는 데 매우 많은 시간과 공력이 들어갔다. 그래도 스스로 이 구성에 만족하며 즐겁게 만들었다. 같은 역자의 책을 낸 어느 출판사에서 역자 소개란에 우리

책에 들어간 글을 그대로 수록하는 작은 해프닝도 있었다. 역자가 쓴 글은 우리 책의 내용을 인용한 사적인 유머였는데, 그 책을 읽어 보지 않은 사람은 그 글이 개인을 표현하는 개성이라고 오해했던 것 같다.

처음 보도자료를 작성했을 때는, 우선 책이 담고 있는 이론이 실제 사용되는 예를 통해 기자의 주의를 끌고 기자가 판단하기 어려운 이 책의 학문적 가치를 이야기해야 한다고 배웠다. 이 책이 학문적으로 얼마나 가치 있는 책인지가 출간 여부를 결정짓는 중요한 요소였기 때문이다. 지금은 책의 학문적 가치도 중요하지만, 독자에게 어떤 가치를 줄 수 있는지가 더 중요해진 것 같다.

어려운 내용을 담은 책일수록 보도자료는 길지 않아야 한다고 생각한다. 편집자가 책의 내용을 간략히 설명할 수 없다면 실패한 편집이다. 과학책 자체가 이해하기 어렵고 힘든데, 보도자료까지 길다면 그걸 받는 입장에서 달갑지 않을 것이다. 되도록 3~4장 정도에서 마무리하고, 책을 직접 소개해야 하는 경우 5분을 넘기지 않는다. 온라인 서점 홍보의 경우 마케터가 책을 소개하는 데 한계가 있기 때문에 주요 과학도서의 경우 직접 방문하고 있다. 3~5분 내로 책을 소개하면 MD들이 매우 기뻐하는 것을 볼 수 있다! 내용 파악이 온전하지 않으면 설명은 길고 장황해진다. 핵심 내용을 전달하고 셀링 포인트를 짚어 주는 정도로 내용을 소개하는 것이 30분 이야기하는 것보다 효과적일 때가 많다.

과학책을 만드는 초기에는 다음이나 네이버의 유명 물리학 카페나 과학 카페를 중심으로 서평단을 꾸리고, 책을 증정하는 이벤트를 진행하기도 했다. 카페가 주요 이론이나 과학 이슈를 교류하며 크게 활성화되긴 했지만, 대부분 이벤트가 책의 구입으로까지 이어지지는 않았다. 오히려 이벤트에 참가한 회원들이 책의 구매 독자층이었기 때문에 판매에 좋지 않은 영향을 미쳤다고 본다.

그렇다면 과학책은 어떤 방법으로 홍보해야 할까? 가장 효과적이라고 생각되는 방법은 과학 저자에게 책을 증정하는 것이다. 유명한 과학 저자에게 일괄적으로 모든 책을 보내기보다, 고정적으로 책을 보내는 주요 과학자 몇 명과 책의 주제에 따라 선정한 관련 학자 10명 정도에게 책을 증정하는 것이 좋다. 과학자가 책을 받은 당일 학회에 들고 참석해 미출간된 책이 과학자들의 소셜미디어에서 이슈가 된 적이 있었다. 과학자를 팔로우하는 과학도와 과학 독자들에게 입소문이 퍼져 해당 책은 출간하자마자 과학 분야 1위를 차지하기도 했다.

저자가 적극적으로 활동할 의지가 있다면 과학관이나 지역 도서관과 연계해 대중 강연을 꾸려 보는 것도 좋은 방법이다. 과학책을 소개하는 팟캐스트에 출연하거나 자사 팟캐스트에서 해당 책을 저자와 함께 자세히 리뷰하는 것도 소소한 성과를 보였다. 함께 일했던 선배는 유튜브에 자신이 만든 책을 주제로 '5분 과학'이라는 콘텐츠를 선보이기도 했다. 유튜브 콘텐츠는 투입되는 노력에 비해 조회수가 많이 나오지 않는 편이라 획기적인 아이디어가 없다면 추천하지 않는다.

고전적이면서 효과가 눈에 보이는 방법은 역시 서점과 연계한 서평단 운영이다. 굿즈를 제작하기도 하지만, 매력적이지 않은 굿즈는 없는 굿즈보다 나을 것이 없다(누구나 갖고 싶은 매력적인 굿즈를 기획한다면 이보다 좋은 방법은 없다!). 대규모 과학 강연의 브로슈어를 제작하면서 광고를 넣는 것도 시도해 보았는데, 효과를 눈으로 확인하기는 어렵지만 괜찮은 방법이라고 생각한다. 카오스재단의 기획 강연 브로슈어를 제작하면서 카오스재단 정기 강연을 책으로 만든 '렉처사이언스' 시리즈의 광고를 넣었는데, 강연에 참석한 사람들이 과학에 적극적인 독자들이다 보니 꽤 효과를 거두었다. 카오스재단은 코로나 사태를 맞이하면서 유튜브 채널을 전략적으로 확장해 꽤 큰 성공을 거두고 있다. 해당 채널을 이용한 광고 방법을 모색해 보는 것도 좋은 홍보 수단이 될 것이다.

저자, 독자와의 교류

편집한 책의 저자와 연을 끊지 않을 거라면 출간 이후 과정도 중요하다. 저자에게 마지막까지 좋은 인상을 남겨 다음 책을 기약할 수 있을뿐더러, 저자의 인연을 바탕으로 새로운 저자와 인연을 맺을 수도 있다. 책이 나온 뒤 사인본을 받는 작업에 심혈을 기울일 수도 있겠지만, 저자가 자신의 책을 증정으로 보낼 사람이 누구인지 파악하는 것도 중요하다. 저자가 책을 보낼 사람이 과학자인 경우 잠재적인 저자군에 포함될 수 있기 때문이다. 이럴 때 회사의 증정분을 저자 대신 발송하며 간단한 메모를 함께 보낸다거나 하는 작은 인연의 씨앗을 만들 수 있다.

번역서를 출간한 경우 해외 저자가 한국에서 열리는 학회 방문차 내한할 때 교류할 기회가 생긴다. 저자가 학계에서 주목받는 경우 신문사와 연계한 저자 인터뷰를 제안할 수 있다. 큰 규모의 학회는 대부분 대중 강연 시간이 있다. 저자가 대중 강연을 할 계획이라면 학회 담당자와 논의해 강연 장소에서 책을 판매하고 간단한 사인회를 열 수 있다.

학회의 대중 강연은 과학에 관심이 많은 중고생이 부모님과 함께 참석하는 경우가 많고, 대학 학부생의 참여율이 높아 생각보다 괜찮은 홍보 방법이 될 수 있다. 우리나라의 사인회 문화를 접하고 큰 만족감을 표시한 해외 저자가 매년 한국에 올 때마다 이러한 책 판매 및 사인회를 요청하는 경우도 있었다.

과학책을 출판하다 보면 적극적인 독자를 직접 대하는 기회를 자주 갖게 된다. 대부분은 오탈자와 책의 오류에 대한 지적이 많고(이는 99퍼센트가 담당 편집자인 나의 책임이다), 가끔 책의 글자 크기나 그림 등 디자인에 대해 지적하는 경우도 있다. 보수적인 독자들이 많다 보니 그림 번호를 넣지 않거나 각주에 번호를 달지 않고 약물을 써도 항의 메일이 오곤 한다. 책의 판매와 반비례해 책의 주제가 심화될수록, 책의 난이도가 높을수록 독자의 피드백이 빠른 편이다.

편집에 몰두하다 보면 상대적으로 편집 외 과정에 소홀하게 된다. 하지만 디자인이나 표문안은 독자와의 연을, 책이 나온 후의 과정은 저자와 다음 책의 작업을

이어가는 밑바탕이 된다. 애써 책을 만들었는데 사소한
실수로 유종의 미를 거두지 못할 수도 있으니, 씨앗을
심는 마음으로 마지막까지 공을 들여 보자.

과학책 편집자의 진로

편집자로서 대략 17년간 과학책을 만드는 출판사에서 일했다. 그중 과학 전문 출판사라고 부를 만한 곳에서 8년, 나머지 시간은 인문학 출판사에서 과학책을 만들었다. 주 5일제가 도입되기 전 매우 작은 출판사에서 전화 주문을 받으며 일을 배웠고, 대형 출판사의 자회사에서 분업화된 시스템에 감탄하며 편집에 집중하는 내공을 쌓았다. 분야를 확장하는 회사에서 브랜드를 새롭게 재정비하며 출간 목록을 처음부터 만드는 과정도 거쳤다. 긴 시간 동안 과학 편집자로서 겪을 수 있는 다양한 경험을 두루 해 본 셈이다.

편집자 3년 차가 되면 분야를 막론하고 대부분 비

숫한 고민을 하게 된다. 이직을 할지, 지금 회사에 그대로 남을지. 인삼보다 귀하다는 3~5년 경력의 편집자는 이직이 잦은 출판업계에서 비교적 자리를 옮기기 쉬운 편이다. 두 번째 고비는 5년 차 정도에 찾아온다. 첫 번째 고민이 소속된 회사에 대한 고민이었다면, 두 번째 고민은 만드는 책에 대한 고민이다. 본인이 만들어 온 분야를 계속 유지할지, 아니면 다른 분야로 새롭게 도전할지 고민하게 되는 것이다.

현실적으로 5년 차에 이직을 하게 되면 자신의 분야를 바꾸기 쉽지 않다. 물론 인문학이나 문학같이 인접 영역이 넓은 분야라면 좀 더 세밀하게 분야를 찾아갈 수도 있겠지만, 실용, 경제경영, 어학, 청소년이나 어린이 등 한 분야의 책을 5년 이상 꾸준히 만들어 온 편집자가 새로운 분야로 방향을 튼다는 것은 개인의 능력을 떠나 현실적으로 쉽지 않은 일이다. 편집자를 고용하는 출판사의 입장에서 한 분야의 책을 5년 동안 만든 '전문' 편집자를 전혀 다른 분야의 편집자로 채용하는 것은 모험에 가깝기 때문이다.

함께 일해 온 후배들에게 3년 차 정도 되면 이직을 하라고 권하는 편이다. 작은 출판사에서 일하고 있다면 큰 출판사의 시스템을 겪어 보고, 큰 출판사에서 일하고 있다면 본인이 기획하는 책이 빨리 시장에 나올 수 있는 경험을 해 보라는 것이다. 그리고 5년 정도 되었을 때 이 분야를 계속할 것인지 생각해 보라고 이야기한다. 과학책을 만드는 것이 좋은지, 아니면 다른 책도 만들어 보고 싶은지, 관성적으로 해 온 일을 계속 하기보다는 앞으로 어떤 일을 할지 고민하는 것이 도움이 된다는 생각에서다.

오랫동안 과학책을 만들다 보면 사용하는 어휘가 다른 분야에 비해 한정적이라는 것을 느끼게 된다. 형용사나 미사여구를 비교적 사용하지 않기 때문이다. 과학책 원서는 잘 읽을 수 있는데, 소설 원서는 읽기 힘들어진다면 이해가 될까? 스테디셀러가 베스트셀러인 시장에서 일을 하니 출판 시장을 매의 눈으로 살펴보고 있어도 트렌드를 받아들이는 속도가 조금씩 뒤처지는 느낌도 든다. 독자의 반응을 바로 체감하기 어려워 성취감도 떨어진다(가끔 찾아오는 독자의 피드백은 비수가 되어 꽂힌다). 나름 열심히 일한 것 같은데 판매는 타 부서에 비해 형편없다거나, 내가 만든 책을 읽고 싶어 하는 동료가 없다. 분야 베스트셀러 1위를 차지해도 주변에서 알아주는 사람이 없다.

너무 비관적인 이야기일까? 하지만 전문 편집자라

면 모두 한 번쯤은 이런 벽에 부딪친다. 이를 극복할 수 있다면 전문 편집자로서의 길을 가면 되고, 그렇지 않다면 새로운 길을 모색해 보는 것도 나쁘지 않다.

출판 경력 10년 차 정도 됐을 때 있었던 일이다. 친한 선배들과 우리나라에 과학 전문 편집자가 몇이나 될지 생각해 본 적이 있다. 같이 이야기를 나눈 한 선배는 과학을 전공하고, 과학 전문 출판사 한곳에서 10여 년 동안 일해 왔으며, 본인만의 전문 분야가 확실해 과학 전문 편집자라는 이름에 걸맞은 편집자였다. 거기에 같은 회사 출신으로 오랫동안 과학 출판을 해 온 선배 하나, 나머지는 과학 출판사에서 두루 경력을 쌓은 나였다. 우리는 깔깔대며 '적어도 셋은 되지 않을까?' 하며 웃었다. 그때 이야기를 나눴던 사람 중 지금 출판사에 남아 있는 사람은 선배 하나뿐이다.

편집자는 은퇴 나이가 40세라는 말이 있을 정도로 수명이 짧은 직업이다. 게다가 여느 회사처럼 관리직에 가까울수록 이직이 쉽지 않다. '전문' 편집자로서 협소한 분야의 책을 오랫동안 만드는 것이 직업을 유지하는 데 긍정적인 영향만을 주는 것은 아니다. 과학책은 '전문'이라는 이름을 떼더라도 출판에서 1퍼센트를 차지하는 협소한 시장이다. 뚝심 있게 자기 분야를 고수하면서 경력을 쌓아 가도 좋겠지만, 규모 있는 한두 출판사를 제외하면 필요로 하는 편집자의 수 역시 많지 않은 것이 현실이다. 사회과학이나 인문학으로 분야를 확장할 수도 있지만, 과학책을 10년 만든 뒤 인문학 편집자로 이직하기란 쉽지 않다. 다시 말해 출판 업계는 '과학 전문' 편집자를 양성하기에 좋지 않은 환경이다. 그래서 나는 경쟁력을 키우기 위해서 과학 전문 편집자가 되어 과학책'만' 만들겠다는 것에 반대한다.

2021년 3월 4주, 온라인서점 알라딘 과학분야 1위를 차지한 심채경 저자의 『천문학자는 별을 보지 않는다』는 문학동네에서 출간되었다. 담당 편집자가 누구인지 알 수 없지만, 문학책을 주로 내는 출판사이니 과학책을 꾸준히 만들어 온 편집자는 아닐 것이다. 비단 이 책뿐만이 아니다. 2020년이 넘어 가면서 대부분의 출판사에서 과학책'도' 만들고 있다. 과학 전문 출판사에서 두루 일하며 전문 편집자로서의 경험을 쌓은 것이 내가 걸어 온 길이었다면, 앞으로의 과학 편집자는 조금 다른 길을 걸어갈 것 같다.

『과학책 만드는 법』이라는 책을 쓰면서 전문 편집자가 되지 말라는 이야기를 하고 있는 것처럼 보이는 듯해 걱정이 되지만, 현실적인 이야기도 덧붙이고 싶었다. 오랫동안 과학책을 만들다 보니 다양한 문제에 부딪혀 좌절하거나 자책하는 일이 잦았다. 선배들이 많지 않았기 때문에 일에서 겪는 문제에서 늘 스스로 답을 찾아갈 수밖에 없었다. 내가 알고 있는 이야기, 혹은 알았다면 좋았을 이야기를 해 둔다면 언젠가 과학책을 만들 편집자에게 조금은 도움이 되지 않을까 하는 마음으로 이 책을 쓰게 되었다.

과학책을 만드는 것은 여느 책을 만드는 것과 크게 다르지 않다. 그래서 나는 과학 편집자 외에도 모든 편집자가 한 번쯤 과학책을 만들어 보기를 바란다. 과학책을 만드는 일은 생각보다 흥미롭고, 책을 만드는 사람이라면 갖게 되는 지적 호기심을 충족시키기에 더없이 좋은 조건을 가지고 있다. 게다가 아직 발견되지 않은 재능 있는 저자들이 산재해 있다(글쓰기라는 마지막 큰 관문이 남아 있지만 말이다). 과학책 편집자는 우리 삶에서 떼려야 뗄 수 없는 과학과 이를 연구하는 과학자, 그리고 독자를 연결하는 다리와도 같다. 자동차 사이드미러에 비치는 사물이 보이는 것보다 가까이에 있는 것처럼, 우리는 늘 과학을 만나고 있다. 다만 알지 못할 뿐이다.

오랫동안 누가 책을 쓸 자격이 있는지 판단하며 시간을 보냈다. 저자의 출신학교와 연구 주제, 글 솜씨와 강의 실력 등을 평가해 왔지만, 정작 나 자신이 이 책을 쓸 자격이 있는지 몰라 한참을 망설였다. 어쩌면 더 이상 존재하지 않을 수도 있는 '자칭' 과학 전문 편집자로서 겪어온 이야기를 함께 나누는 것만으로도 충분하지 않을까 하는 생각으로 책을 마친다.

과학책 만드는 법
: 끝없는 호기심으로 진리를 탐구하는 저자와 독자를 잇기 위하여

2021년 5월 4일   초판 1쇄 발행

지은이
임은선

펴낸이   **펴낸곳**   **등록**
조성웅   도서출판 유유   제406-2010-000032호(2010년 4월 2일)

                주소
                서울시 마포구 동교로15길 30, 3층 (우편번호 04003)

전화   **팩스**   **홈페이지**   **전자우편**
02-3144-6869   0303-3444-4645   uupress.co.kr   uupress@gmail.com

                페이스북   **트위터**   **인스타그램**
                facebook.com   twitter.com   instagram.com
                /uupress   /uu_press   /uupress

편집   **디자인**   **마케팅**
김은우, 김정희   이기준   송세영

제작   **인쇄**   **제책**   **물류**
제이오   (주)민언프린텍   (주)정문바인텍   책과일터

ISBN 979-11-89683-90-0 04400
        979-11-85152-36-3 (세트)

텀블벅 후원자 명단

후원해 주신 모든 분께 감사드립니다.
900원 가애 강민형 강선월 강태헌 강현욱 경이 고요 곽명진 곽성규 구세주 구수영 구윤아
권미혜 권세영 권순범 권자혜 김가인 김경은 김도훈 김륜희 김민경 김민영 김민주 김민표
김성신(출판평론) 김연경 김영글 김영수 김원영 김유정 김은비 김은하 김재형 김재호 김정태
김주연 김준수 김지은 김지향 김지혜 김지호 김지호 (1999) 김지희 김진빈 김현정 김형태
김혜정 꿈 날개(Nalgae) 남은경 남화연 낭또 노의성 돌봄인문학 모임 두진휘 딸세포 령령
롱 리리 마음씨 무지 문지설 문화라 민주 밀루 바람별 박다영 박다예 박병익 박세현 박소연
박시솔 박지윤 박지은 박한솔 박혜원 배고파 배성원 백명하 백소현 봉남매 북극고양이 빅희
새털구름상담소 서리라 서미연 소정 송민정 송지영 시연 신지선 심유리 싱 아만도 樂中 안태은
야채사라다 양세진 에세이스트가되고픈범인 여유 여은비 연혜원 오소리 왕효진 유가람 유인경
유주얼 유지혜 윤류경 윤예진 윤윤 윤재선(따스함을 담다) 이민지 이민희 이상재 이설희 이소연
이수빈 이승연 이승재 이연실 이예지 이옥란 이용석 이은주 이자영 이정현 이종배 이중용
이지은 이지혜 이진 이하영 이형선 이효은 인수 임경훈 장국영 장보연 장세환 장해민 전기남
정명 정명진 정수희 정진영 제이노트 조경임 주용진 중쇄기원 진솔 진유라 진익명 철딱선희
최나래 최방울 최아리 최연우 최예원 최예준 최유정 최창근 최혜진 크리밍 탱이 ㅎㅎㅎ
제 것 먼저!!! 한결 한혜림 허문선 허재희 허지혜 혜인장 홍미소 홍서영 홍연주 황유라 히옹
Crystal_SJ dung LEE EHOI indivisualplay inspicolor J._guk nahnah oh OS2SH sji****
Tommy zuzu